高等学校"十二五"计算机规划精品教材
最新全国计算机等级考试二级MS Office高级应用考试大纲

大学 MS Office
高级应用实践教程

主 编○匡 松 何志国 王 超 刘洋洋
副主编○鄢 莉 何春燕 邹承俊 王 勇

U0194190

西南财经大学出版社
Southwestern University of Finance & Economics Press

大学 MS Office 高级应用实践教程
编 委 会

前　言

　　本书是《大学 MS Office 高级应用教程》（匡松、何志国、王超、刘洋洋主编，西南财经大学出版社出版）的实践配套教材，内容主要包括：计算机基础实验；Windows 7 操作系统实验；Word 2010 高级应用实验；Excel 2010 高级应用实验；PowerPoint 2010 高级应用实验；多媒体技术基础实验；计算机网络基础实验。

　　本书提供的实验，注重应用，步骤清晰，满足最新版全国计算机等级考试二级 MS Office 高级应用考试大纲的上机要求，可作为大学生学习计算机基础及应用和参加全国计算机等级考试二级 MS Office 高级应用考试的实践配套教材。

　　本书由匡松、何志国、王超、刘洋洋担任主编，鄢莉、何春燕、邹承俊、王勇担任副主编，匡松、何志国、王超、刘洋洋、鄢莉、何春燕、邹承俊、王勇、余宗健、刘颖、周峰、陈超、喻敏、缪春池、张俊坤、宁涛、薛飞、林珣、韩延明、张义刚、孙耀邦、郭黎明、李世佳、陈斌、陈德伟、李忠俊、陈康、谢志龙参加了本书的编写工作。

目　录

第1章　计算机基础实验 ··· (1)

1.1　知识要点 ·· (1)
1.2　实验内容 ·· (1)
　　1.2.1　实验任务1：掌握计算机的硬件组成 ··················· (1)
　　1.2.2　实验任务2：掌握计算机的软件配置方法 ············· (3)
　　1.2.3　实验任务3：安装和使用 PDF 文件阅读器——Adobe Reader
　　　　　　·· (4)
　　1.2.4　实验任务4：安装和使用超星阅览器——SSReader ············· (5)
　　1.2.5　实验任务5：安装和使用压缩软件——WinZip ············· (8)
　　1.2.6　实验任务6：安装和使用图片浏览软件——ACDSee ············· (12)
　　1.2.7　实验任务7：安装和使用媒体播放器——RealPlayer ············· (15)
　　1.2.8　实验任务8：安装和使用 360 安全卫士 ················· (17)
　　1.2.9　实验任务9：安装和使用金山词霸 ······················· (21)
　　1.2.10　实验任务10：利用杀毒软件检测 U 盘中文件的安全性 ······ (24)

第2章　Windows 7 操作系统实验 ······································ (27)

2.1　知识要点 ·· (27)
2.2　实验内容 ·· (27)
　　2.2.1　实验任务1：设置计算机主题和外观 ··················· (27)
　　2.2.2　实验任务2：设置桌面图标 ······························· (32)
　　2.2.3　实验任务3：设置桌面分辨率 ···························· (33)
　　2.2.4　实验任务4："开始"菜单基本操作 ····················· (34)
　　2.2.5　实验任务5："任务栏"的基本操作 ····················· (36)
　　2.2.6　实验任务6：窗口的基本操作 ···························· (38)

    2.2.7　实验任务7："Windows 资源管理器"的基本操作 …………… (39)

    2.2.8　实验任务8：文件夹或文件的基本操作……………………… (40)

    2.2.9　实验任务9：库的基本操作…………………………………… (43)

    2.2.10　实验任务10：计算机用户管理……………………………… (44)

    2.2.11　实验任务11：利用 Windows 7 操作系统设置系统备份和恢复

    ………………………………………………………………………… (45)

第3章　Word 2010 高级应用实验 ……………………………………… (48)

3.1　知识要点 ……………………………………………………………… (48)

3.2　实验内容 ……………………………………………………………… (48)

    3.2.1　实验任务1：创建文档并对文档进行基本的编辑…………… (49)

    3.2.2　实验任务2：设置文档的字符和段落格式…………………… (50)

    3.2.3　实验任务3：插入表格和修饰表格…………………………… (52)

    3.2.4　实验任务4：插入图片和剪贴画……………………………… (54)

    3.2.5　实验任务5：绘图和插入艺术字……………………………… (57)

    3.2.6　实验任务6：插入和编辑 SmartArt 图形…………………… (58)

    3.2.7　实验任务7：插入和编辑封面………………………………… (59)

    3.2.8　实验任务8：页面布局（页面设置和页面背景）…………… (61)

    3.2.9　实验任务9：插入页眉和页脚………………………………… (63)

    3.2.10　实验任务10：邮件合并……………………………………… (64)

    3.2.11　实验任务11：插入目录……………………………………… (68)

    3.2.12　实验任务12：插入脚注和尾注……………………………… (69)

第4章　Excel 2010 高级应用实验 ……………………………………… (70)

4.1　知识要点 ……………………………………………………………… (70)

4.2　实验内容 ……………………………………………………………… (70)

    4.2.1　实验任务1：工作簿、工作表与单元格基础操作…………… (70)

    4.2.2　实验任务2：公式和函数应用一……………………………… (77)

    4.2.3　实验任务3：公式和函数应用二……………………………… (81)

    4.2.4　实验任务4：数据分析——筛选……………………………… (86)

    4.2.5　实验任务5：数据分析——分类汇总和数据透视表………… (90)

    4.2.6　实验任务6：其他常用数据分析工具应用之一……………… (97)

    4.2.7　实验任务7：其他常用数据分析工具应用之二……………… (99)

　　　4.2.8　实验任务8：图表综合应用 ……………………………………（101）

第5章　PowerPoint 2010 高级应用实验 …………………………（108）

　5.1　知识要点 …………………………………………………………………（108）
　5.2　实验内容 …………………………………………………………………（108）
　　　5.2.1　实验任务1：创建一个简单的演示文稿 ………………………（108）
　　　5.2.2　实验任务2：创建精美动画效果的演示文稿 …………………（118）

第6章　多媒体技术基础实验 …………………………………………（137）

　6.1　知识要点 …………………………………………………………………（137）
　6.2　实验内容 …………………………………………………………………（137）
　　　6.2.1　实验任务1：增强图像的表现力 ………………………………（137）
　　　6.2.2　实验任务2：实现图片快速飞行 ………………………………（140）
　　　6.2.3　实验任务3：制作变形动画 ……………………………………（145）
　　　6.2.4　实验任务4：实现电影的滚动字幕效果 ………………………（149）

第7章　计算机网络基础实验 …………………………………………（154）

　7.1　知识要点 …………………………………………………………………（154）
　7.2　实验内容 …………………………………………………………………（154）
　　　7.2.1　实验任务1：Windows 7 环境下的文件共享 ………………（154）
　　　7.2.2　实验任务2：IIS 服务器设置 …………………………………（160）
　　　7.2.3　实验任务3：FTP 服务器设置 …………………………………（164）
　　　7.2.4　实验任务4：使用 Dreamwaver CS5 制作网页 ……………（170）

参考文献 ……………………………………………………………………（176）

第1章 计算机基础实验

1.1 知识要点

1. 计算机的产生、发展及应用领域。
2. 计算机软硬件系统的组成及主要技术指标。
3. 计算机的工作原理。
4. 计算机的硬件和软件的基本配置。
5. 常见计算机病毒的传播途径和防治方法。
6. 熟悉并掌握常用的计算机系统恢复方法。
7. 常用工具软件的安装和使用。

1.2 实验内容

1. 掌握计算机的硬件组成。
2. 掌握计算机的软件配置方法。
3. 安装和使用 PDF 文件阅读器——Adobe Reader。
4. 安装和使用超星阅览器——SSReader。
5. 安装和使用压缩软件——WinZip。
6. 安装和使用图片浏览软件——ACDSee。
7. 安装和使用媒体播放器——RealPlayer。
8. 安装和使用 360 安全卫士。
9. 安装和使用金山词霸。
10. 利用杀毒软件检测 U 盘中文件的安全性。

1.2.1 实验任务 1：掌握计算机的硬件组成

1. 实验目的
（1）掌握计算机硬件和软件的配置方法。
（2）掌握计算机的主要参数、性能指标及基本配置。
（3）掌握计算机的几种启动方法。
（4）掌握计算机常用工具软件的使用方法。

2. 实验内容

【实验1-1】掌握计算机的硬件组成。

计算机的硬件结构采用开放式体系，用户可以根据需要灵活地进行配置组装。通常一台计算机的配置主要考虑主板、CPU、内存、显示器、显卡、硬盘、主机箱等选择。

（1）打开一台标准配置的计算机

计算机硬件的基本配置包括主机箱、显示器、键盘、鼠标等，经常使用的还有打印机、数码摄像机、扫描仪等设备。

（2）熟悉计算机的结构

计算机从结构上可以分为主机箱和外部设备两大部分。主机箱的外观虽然千差万别，但每台主机箱前面都有电源开关、电源指示灯、硬盘指示灯、复位键、光盘驱动器、软盘驱动器等。主机箱里有中央处理器（CPU）、主存储器、外存储器（硬盘存储器、软盘存储器、光盘存储器）、网络设备、接口部件、声卡、视频卡等配置。

（3）认识计算机主机箱的内部结构

① 主板——主板是连接计算机各部件的重要装置，是计算机最重要的部件之一，是整个计算机工作的基础。主板是计算机中最大的一块高度集成的电路板。

② CPU——CPU的性能及可靠性决定计算机的性能与档次。

③ 内存条——采用动态随机存储器（DRAM）作为主存，它的成本低、功耗低、集成度高，采用的电容器刷新周期与系统时钟保持同步，使随机存储器（RAM）和CPU以相同的速度同步工作，提高了数据的存取时间。

计算机的内存条一般是由动态随机存储器（DRAM）制成，一个内存条的容量分别有16MB、32MB、64MB、128MB或256MB等不同的规格。

④ 外存——外存是指硬盘、光盘、U盘、移动硬盘等外部存储器。

硬盘容量大，可以分为固定式硬盘和移动式硬盘，一般使用固定式硬盘，硬盘读取速度比软盘快，主要用于存放应用程序、系统程序和数据文件。

光盘存储容量大，可靠性高，读取速度快，价格低，携带方便。

⑤ 总线接口——总线是计算机中的传输信息的公共通道。在机器内部，各部件都是通过总线传递数据和控制信号。

⑥ 声卡——声卡是一块安装在计算机中的硬件板。它可以把模拟波形的声音转换成声音的数字信息，以供计算机处理。同时，为了把经过计算机处理的声音输出到音响设备，音频卡又可以把声音的数字信息转换为音响设备能够识别的模拟信息。

⑦ 网卡——网卡又称为网络适配器网卡，它是计算机联网的专门附加接口电路，可以利用双绞线或同轴电缆，以10兆位/秒或100兆位/秒的速率传输信息。附加的网卡要与所配的计算机总线匹配，常见的16位ISA总线多用于486以下的计算机，32位PCI总线多用于586计算机。每种网卡都有自己的驱动程序，只有正确安装了驱动程序才能工作。

每台计算机都有一个机内电源箱，它的输入是由外部的220伏交流电的插头引入到电源内的，另外还有一个插座，专用于通过机内电源对显示器供电（也是220伏的交流电）。

1.2.2　实验任务 2：掌握计算机的软件配置方法

1. 实验目的

（1）熟悉软件的概念。

（2）熟悉计算机应配置哪些软件。

（3）掌握常用软件的使用方法。

2. 实验任务

【实验 1-2】掌握计算机的软件配置。

购置计算机和使用计算机前，应安装软件。

计算机软件分为两大类：一类是系统软件，另一类是应用软件。系统软件是控制计算机运行、管理计算机各种资源，为应用软件提供支持和服务的软件；应用软件是为解决各类实际问题而开发的程序系统，在系统软件支持下运行。

（1）安装操作系统

常用的操作系统有：Windows、Unix、Linux、Novell Netware 等。在计算机上可以安装 Windows 2000、Windows XP，Windows 7、Windows 8 等操作系统。

（2）安装实用程序

实用程序可以完成一些与计算机系统资源及文件有关的任务，如安装杀毒软件（包括瑞星杀毒、金山杀毒等）、压缩解压软件、音频软件、视频软件等。

（3）语言处理程序

语言处理程序是程序设计的重要工具。面向过程的语言包括 C、Pascal 等；面向对象的语言包括 C++、Java、Visual Basic 等。

（4）数据库管理系统

数据库管理系统是解决数据处理问题的软件，可用于开发数据库应用软件，如人事档案管理系统、财务管理系统、学绩管理系统、图书管理系统等。数据库管理系统常见的有 Access、Visual FoxPro、SQL Server、Oracle 等。

（5）办公软件

办公软件包括字处理软件、电子表格软件、演示文稿软件、网页制作等方面内容。常用的办公软件包括 Microsoft Office XP、Microsoft Office 2010 等版本。

（6）工程图形图像制作软件

工程图形图像制作软件是指用于建筑设计、机械设计、电路设计等的软件，包括AutoCAD、CorelDraw、3DS、Freehand 等。

（7）多媒体制作软件

多媒体制作软件是指用于多媒体教学、广告设计、影视制作、游戏设计和虚拟现实等方面的软件。

（8）网页与网站制作软件

网页与网站制作软件包括 FrontPage、Dream Weaver、Corel、Web Designer、Netscape Composer 等。

1.2.3 实验任务 3：安装和使用 PDF 文件阅读器——Adobe Reader

1. 实验目的

（1）掌握 PDF 文件阅读器（Adobe Reader）的安装方法。

（2）掌握 PDF 文件阅读器（Adobe Reader）的使用方法。

2. 实验任务

【实验 1-3】用 Adobe Reader 复制一个屏幕区域。

3. 实验说明

Adobe Reader 是一种用于查看、阅读和打印 PDF 文件的阅读器，可打开后缀为 .PDF格式的电子文档。PDF（Protable Document Format）文件是"便携式文件文档"，像 Word 一样，PDF 也可以用来保存文本图形。该软件最大的特点是在不同的操作系统之间传送时能够保证信息的完整性和准确性。在 Internet 上有很多信息都是用 PDF 保存的，目前有很多图书也用 PDF 格式来保存。用户可在 Adobe Reader 的官方网站 http://www.adobe.com 下载简体中文版 PDF 阅读器 Adobe Reader。

Adobe Reader 的主要功能如下：

（1）创建 Adobe PDF 文件。

（2）查看和打印 Adobe 便携文档格式（PDF）文件。

（3）添加阅读笔记。

（4）加密文档。

（5）缩小文档比例。

（6）在 PDF 文档中插入 3D 作品。

（7）将 Word 文档转换为 PDF 文档。

（8）将 PDF 文档转换为 Word 文档。

4. 操作方法

（1）下载并安装 Adobe Reader 软件（比如 Adobe Reader X 10.1.0 版本），屏幕上出现 Adobe Reader 主界面，如图 1-1 所示。

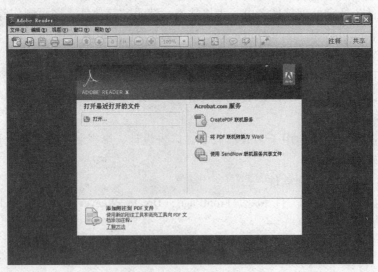

图 1-1　Adobe Reader 主界面

（2）双击需要浏览的某文档，例如"GCT 考试各科复习考试技巧小贴士"文档，打开该文档，如图 1-2 所示。

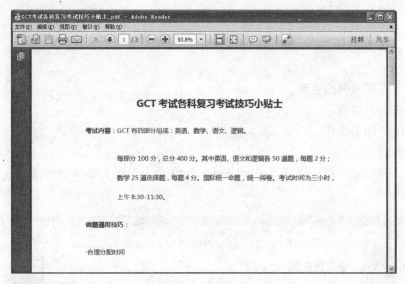

图 1-2　打开文档

（3）单击工具栏中的拍照按钮，选中要复制的屏幕区域，打开"Adobe Reader"对话框，如图 1-3 所示。

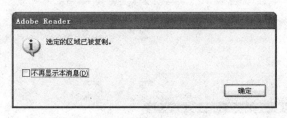

图 1-3　"Adobe Reader"对话框

（4）单击"确定"按钮，将选中的区域粘贴到目标文档中，保存到 Word 文档中。

1.2.4　实验任务 4：安装和使用超星阅览器——SSReader

1. 实验目的
（1）掌握超星阅览器（SSReader）的安装方法。
（2）掌握超星阅览器（SSReader）的使用方法。
2. 实验任务
【实验 1-4】使用超星阅览器软件阅读并下载电子图书。
3. 实验说明
超星阅览器（SSReader）是一款专门用于数字图书的阅览、下载、打印、计费和版权保护的图书阅览器。使用它，可以阅读 Internet 上由全国各大图书馆提供的海量 PDG 格式的数字图书，并可阅读其他多种格式的数字图书。
超星阅览器的主要功能如下：

（1）阅览电子图书。

（2）下载电子图书。

（3）打印电子图书。

（4）书签功能。

（5）标注功能。

（6）扫描功能。

（7）采集整理网络资源。

（8）查询与检索。

（9）电子图书制作。

4．操作方法

（1）下载和安装超星阅览器（SSReader），屏幕上出现 SSReader 主界面，如图 1-4 所示。

图 1-4　SSReader 主界面

（2）运行超星浏览器 SSReader 软件，打开"超星浏览器 SSReader 4.0"窗口。在主界面的地址栏中输入要下载电子图书的网址，打开相应的电子图书，如《电子银行安全技术》，如图 1-5 所示。通过使用超星阅览器，用户可以像其他阅览器一样阅览电子图书。

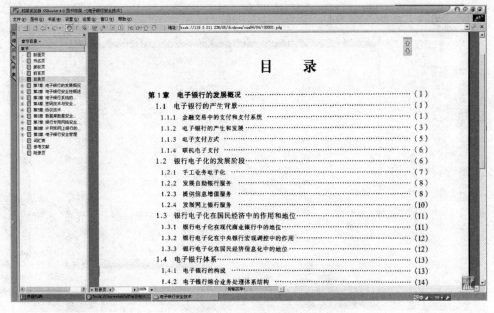

图 1-5 打开电子图书

（3）选择"图书"菜单中的"下载"命令，打开"下载选项"对话框，选择保存路径，如"金融专业书籍"文件夹，如图 1-6 所示。

（4）单击"确定"按钮，开始下载电子图书《电子银行安全技术》。下载完毕，出现"提示"对话框，如图 1-7 所示。

图 1-6 "下载选项"对话框

图 1-7 "提示"对话框

（5）单击"确定"按钮，将电子图书《电子银行安全技术》保存完毕，如图 1-8 所示。

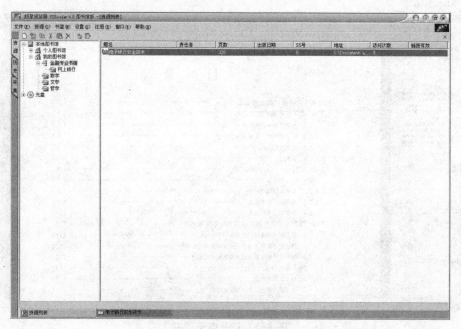

图 1-8 保存电子图书

（6）双击《电子银行安全技术》，即可浏览该电子图书。

1.2.5　实验任务 5：安装和使用压缩软件——WinZip

1. 实验目的

（1）掌握压缩软件 WinZip 的安装方法。

（2）掌握压缩软件 WinZip 的使用方法。

2. 实验任务

【实验 1-5】用 WinZip 压缩并解压缩多个文件。

3. 实验说明

WinZip 是一个强大易用的压缩实用软件，支持 ZIP、CAB、TAR、GZIP、MIME 等格式的压缩文件，可同时解压在"资源管理器"中选中的多个 ZIP 文件，并能将 ZIP 文件解压至特殊的文件夹中（包括最近使用过的文件夹）。

WinZip 提供了"缩略视图"和"自动压缩"选项，改进了对音频文件（WAV）的压缩，并提供了对 .BZ2 和 .RAR 文件的查看与解压缩支持。同时，WinZip 还扩展了数据备份功能，并集成了一个新建的内部图像查看器，允许用户在 WinZip 文件中直接浏览多种图像。

WinZip 的主要功能如下：

（1）支持多文件的压缩与解压。

（2）加密压缩重要信息。

（3）直接在压缩包内进行文件操作。

（4）压缩并发送邮件。

（5）备份软件。

（6）对系统进行病毒扫描。

4. 操作方法

（1）当 WinZip 16.0 版本安装完毕并运行，屏幕上出现 WinZip 主界面，如图 1-9 所示。

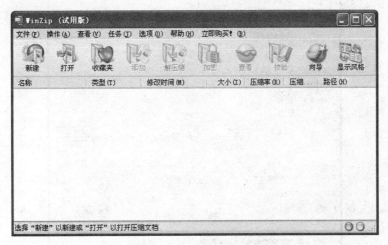

图 1-9　WinZip 主界面

（2）单击工具栏上的"新建"按钮，打开"新建压缩文档"对话框，如图 1-10 所示。

图 1-10　"新建压缩文档"对话框

（3）在"文件名"框中输入要添加的压缩文件的文件名，选择要保存压缩文件的位置，单击"确定"按钮，打开"添加"对话框，如图 1-11 所示。

图 1-11　"添加" 对话框

（4）查找并选中需要压缩的文件，如《浅谈医疗保险制度改革》、《探讨中国医疗保险制度的改革与发展》，如图 1-12 所示。

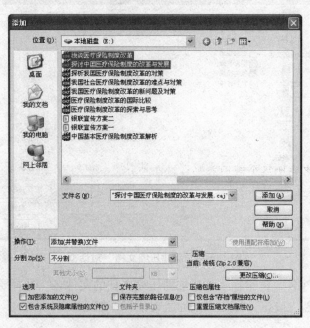

图 1-12　选中需要压缩的文件

（5）单击"添加"按钮，文件被压缩，主界面的压缩文件列表显示了所有被压缩的文件，压缩文件成功，如图 1-13 所示。

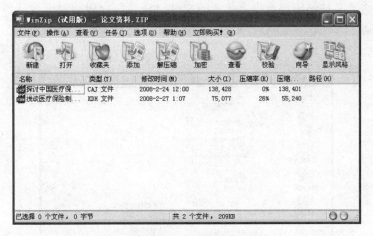

图 1-13　压缩文件

（6）若需要对文件进行加密，单击工具栏的"加密"按钮，打开"加密"对话框，在对话框中输入密码，如图 1-14 所示。

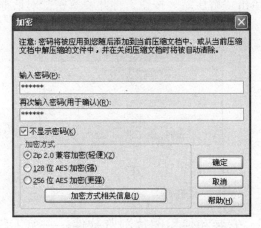

图 1-14　"加密"对话框

（7）单击"确定"按钮，压缩文件被加密成功，返回原界面，如图 1-15 所示。

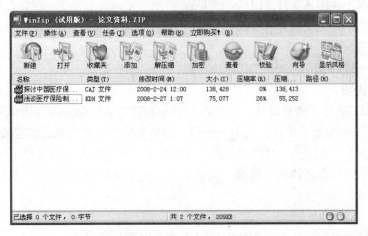

图 1-15　压缩文件被加密成功

（8）若将此文件解压，选中要解压的文件《浅谈医疗保险制度改革》和《探讨中国医疗保险制度的改革与发展》，单击"解压缩"按钮，打开"解压缩"对话框，如图1-16所示。

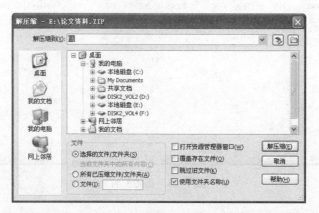

图1-16 "解压缩"对话框

（9）选择路径，单击"解压缩"按钮，打开"解密"对话框，在对话框中输入密码，如图1-17所示。

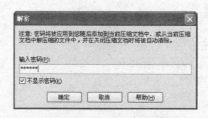

图1-17 "解密"对话框

（10）单击"确定"按钮，文件解压成功。

1.2.6 实验任务6：安装和使用图片浏览软件——ACDSee

1. 实验目的

（1）掌握图片浏览软件ACDSee的安装方法。

（2）掌握图片浏览软件ACDSee的使用方法。

2. 实验任务

【实验1-6】利用ACDSee浏览图片。

3. 实验说明

利用ACDSee图片浏览软件，可获取、整理和查看共享数码相片及其他媒体文件。ACDSee提供了图像编辑工具，可用于创建、编辑和润色数码图像，它还提供了"红眼消除"、"裁剪"、"锐化"、"模糊"及"相片修复"等工具来增强或校正图像，其多个图像管理工具（如曝光调整、转换、调整大小、重命名以及旋转等）可以同时在文件上执行。

ACDSee的主要功能如下：

（1）快速查看图片，打开邮件附件或桌面的文件。

（2）强大的照片处理功能，能修正数码相片中的普通问题，比如消除红眼、清除杂点和改变颜色。ACDSee 还可以对照片所选范围实现模糊、饱和度和色彩效果的调整。

（3）保存图像的拷贝文件，即使电脑出现问题，图片也不会丢失。

（4）支持大量的音频，视频和图片格式包括 BMP、GIF、IFF、JPG、PCX、PNG、PSD、RAS、RSB、SGI、TGA 和 TIFF 等。

ACDSee 是共享软件，可以在其中文官方网站 http://cn.acdsee.com 下载最新版本。

4．操作方法

（1）打开 ACDSee 主界面，在文件夹列表中选中要浏览的图片，此时在文件列表区中可看见图片的缩略图，如图 1-18 所示。

图 1-18　ACDSee 主界面

（2）将鼠标指向图片的缩略图，对图片进行快速预览，如图 1-19 所示。

图 1-19　快速浏览图片

（3）单击图片，图像预览区出现图片的预览，如图1-20所示。

图1-20　预览图片

（4）浏览图片时，可以使用全屏浏览方式。在主界面菜单栏中，打开"视图"菜单，单击"全屏幕"命令，进入全屏浏览方式，如图1-21所示。若要关闭全屏幕，单击屏幕右上角"关闭全屏幕"，恢复ACDSee主界面。

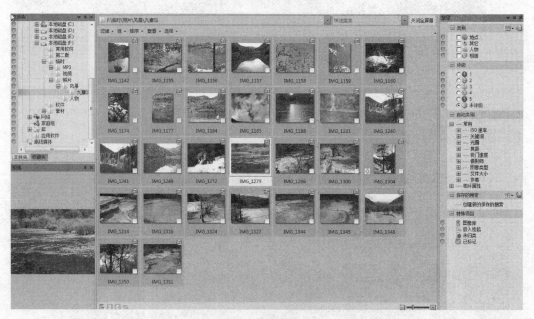

图1-21　全屏浏览方式

（5）双击图片，对图片进行查看，也可对图片进行红颜去除、修复、添加边框、添加文本、特殊效果、旋转、裁剪等各种处理，如图1-22所示。

图 1-22　处理图片

1.2.7　实验任务 7：安装和使用媒体播放器——RealPlayer

1. 实验目的

（1）掌握媒体播放器（RealPlaye）的安装方法。

（2）掌握媒体播放器（RealPlaye）的使用方法。

2. 实验任务

【实验 1-7】RealPlayer 的视频播放。

3. 实验说明

RealPlayer 是一款支持大量媒体格式的媒体播放器。RealPlayer 在 Internet 上通过流技术实现音频和视频实时传输和在线收看，使用时不必下载音频和视频内容，只要线路允许，就能完全实现网络在线播放。用户可方便地在网上查找、收听和收看感兴趣的广播及电视节目。

RealPlayer 的主要功能如下：

（1）带有目标按钮，单击鼠标可收听新闻和娱乐资讯。

（2）在 28.8kbps 或更快的连接速度情况下，达到近乎 CD 的音频效果。

（3）全屏播放图像（只适用于高带宽连接情况）。

4. 操作方法

（1）当 RealPlayer 15.0.2.72 正式版安装完毕并运行，屏幕上出现 RealPlayer 主界面，如图 1-23 所示。

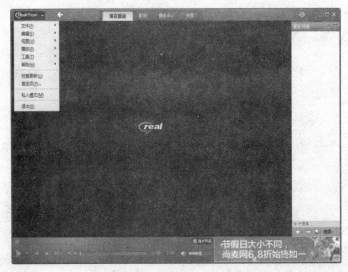

图 1-23　RealPlayer 主界面

（2）单击左上角的"RealPlayer"图标，选择"文件"菜单中的"打开"命令，出现"打开"对话框，如图 1-24 所示。

图 1-24　"打开"对话框

（3）单击"浏览"按钮，打开"打开文件"对话框，选中需要打开的文件，单击"打开"按钮。在"打开"对话框中，单击"确定"按钮，开始播放文件，如图 1-25 所示。

图 1-25　播放文件

（4）打开主菜单，单击"播放"菜单，选择"慢动作"——"增加"/"减小"，即可实现变速播放，如图 1-26 所示。

图 1-26 实现变速播放

（5）在播放影片时，切换到 RealPlayer "媒体库"，在 "RealPlayer15.0.2.72" 右下角会显示正在播放的视频缩略窗口，如图 1-27 所示。

图 1-27 显示视频缩略窗口

1.2.8 实验任务 8：安装和使用 360 安全卫士

1. 实验目的

（1）掌握 360 安全卫士的安装方法。

（2）掌握 360 安全卫士的使用方法。

2. 实验任务

【实验 1-8】使用 360 软件进行杀毒和修复漏洞。

3. 实验说明

360 安全卫士是一款免费的安全类上网辅助工具软件，不仅拥有查杀流行木马、清理恶评及系统插件、管理应用软件、杀毒、系统实时保护、修复系统漏洞等功能，还支持系统全面诊断、弹出插件免疫、清理使用痕迹以及系统还原等特定辅助功能，并且提供对系统的全面诊断报告，方便用户及时定位问题，为每一位用户提供全方位的系统安全保护。

在 360 安全卫士官方网站 http：//www.360.cn 上可以下载其最新版本。

360 安全卫士主要功能及特点如下：

（1）强力网页防漏和第三方软件漏洞检测，有效截断木马传播渠道。

（2）全新安全极速下载平台。

（3）集成双引擎，加倍查杀效果。

（4）新增修复 Office 漏洞补丁，全面支持补丁导出和发放，适合网管集中管理。

（5）强大的 ARP 防火墙，有效防止局域网攻击。

（6）全面优化 360 安全卫士的启动速度。

（7）流行库技术，大幅度缩小体积。

4. 操作方法

（1）当"360 安全卫士 V8.5"版本安装完毕并运行，屏幕上出现"360 安全卫士"主界面，如图 1-28 所示。

图 1-28 "360 安全卫士"主界面

（2）在"360 安全卫士"主界面，单击"杀毒"按钮，出现"360 杀毒"窗口，如图 1-29 所示。此时，有三种杀毒方式供用户选择，即："快速扫描"、"全盘扫描"、"指定位置扫描"。

图1-29 "360杀毒"窗口

（3）根据需求选择一种扫描方式，单击对应图标，开始扫描，如图1-30所示。

图1-30 选择一种扫描方式

（4）扫描时，可以选择暂停、停止操作，也可勾选"自动处理扫描出的病毒威胁"、"扫描完成后关闭计算机"的操作。

（5）扫描完毕，"360安全卫士"显示扫描结果，如图1-31所示。扫描出的木马病毒显示在"已检测"的窗口中，包含"木马名称"、"路径"和"状态"等信息。

图 1-31　显示扫描结果

（6）选中扫描出的木马病毒，单击"立即查杀"按钮，清除木马病毒。

（7）修复漏洞。计算机系统中存在漏洞往往容易受到病毒入侵和黑客攻击，经常修复漏洞有助于防范威胁，让用户使用计算机更加安心。

在"360安全卫士"主界面，单击"常用"功能中的"修复漏洞"选项，自动检测系统中存在的漏洞和其他不安全因素，并加以详细说明，如图1-32所示。

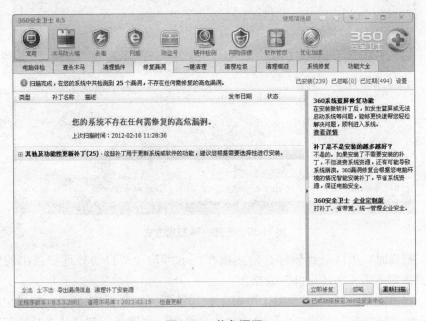

图 1-32　修复漏洞

（8）扫描结果以列表的形式详细显示所有的漏洞信息，包括漏洞的名称、严重程度和补丁的发布时间等，如图1-33所示。单击每一项漏洞，还可以在右边的详细信息中看到关于此项漏洞及对应补丁的详细说明。

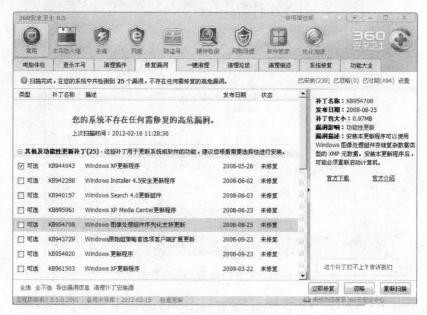

图 1-33 显示所有的漏洞信息

（9）选中漏洞补丁后，单击"立即修复"按钮，即可自动从网上下载漏洞的补丁程序，然后进行安装。

1.2.9 实验任务9：安装和使用金山词霸

1. 实验目的

（1）掌握金山词霸的安装方法。

（2）掌握金山词霸的使用方法。

2. 实验任务

【实验1-9】在金山词霸中查找单词并加入生词本。

3. 实验说明

金山词霸是金山软件推出的、面向个人用户的免费词典、翻译软件。

"金山词霸"的主要功能如下：

（1）屏幕取词。

（2）本地查词和网络查词：本地查词中查不到的单词或者查词结果不满意的单词，可通过网络查词链接即时更新的在线词典进行查询。

（3）例句查询：提供近百万条网上例句资源供查阅。

（4）情景例句100句。

（5）其他资料：包括语法知识、奥运知识、人文风俗管、国家地区表、中外机构、大学名录等。

4. 操作方法

（1）当金山词霸2012安装完毕并运行，屏幕上出现"金山词霸2012"主界面，如图1-34所示。

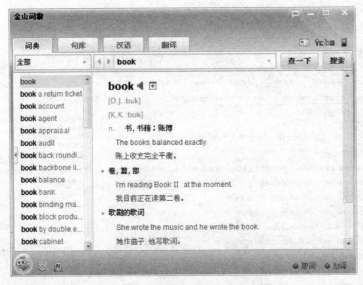

图 1-34　"金山词霸 2012" 主界面

（2）在金山词霸的搜索栏中键入 custom，按回车键，或单击"本地查询"按钮，在解释栏内显示该单词的中文解释及其相应词组，如图 1-35 所示。

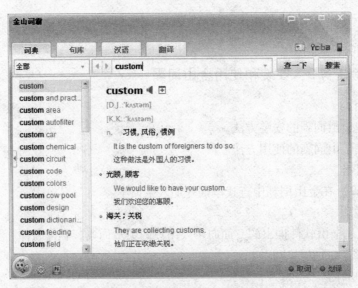

图 1-35　显示单词的中文解释

（3）单击"搜索"按钮，查询该单词在网络上的释义，弹出的窗口如图 1-36 所示。

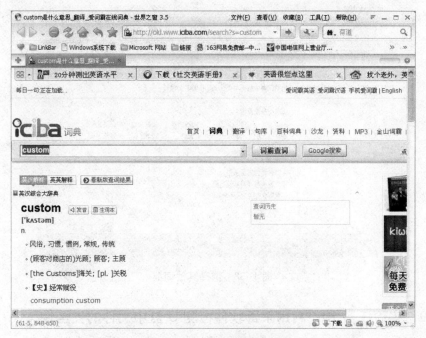

图 1-36　查询该单词在网络上的释义

（4）在金山词霸主界面的单词右方，单击""按钮，选择"加入生词本"命令，将该单词收藏至生词本。

（5）如果认为给出的解释太多，只想查询某个词典的释义，可单击右上方选项卡输入栏，选择固定词典，如图 1-37 所示。

图 1-37　选择固定词典

（6）单击右上方选项卡输入栏，选择其他词典，如图 1-38 所示。

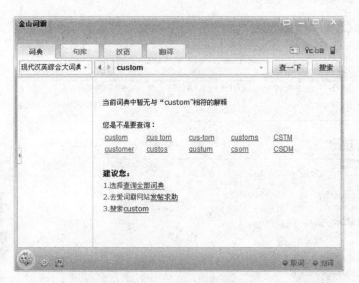

图 1-38　选择其他词典

1.2.10　实验任务 10：利用杀毒软件检测 U 盘中文件的安全性

1. 实验目的

（1）安全使用 U 盘，降低计算机中毒风险。

（2）使用 U 盘前，利用杀毒软件对其中文件的安全性进行检测，有效防止病毒传播。

2. 实验任务

【实验 1-10】利用杀毒软件检测 U 盘中文件的安全性。

3. 实验说明

使用 U 盘前，利用杀毒软件对其中文件的安全性进行检测。

4. 操作方法

（1）将待检测 U 盘插入计算机的 USB 接口，通过自动安全功能，可在"计算机"选项下识别出插入的 U 盘，如图 1-39 所示。

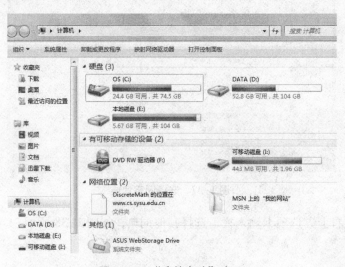

图 1-39　"我的电脑"窗口

（2）不能盲目双击启动 U 盘。选中 U 盘，右击鼠标，在弹出的菜单中，选择"使用 360 杀毒扫描"，如图 1-40 所示。

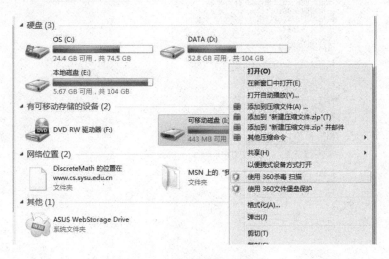

图 1-40　启动 U 盘检测软件

（3）扫描结束，杀毒软件将返回检测结果，如图 1-41 所示。如果存在病毒，可以根据杀毒软件的推荐提示做进一步处理。注意：在 U 盘内文件不能确保安全的情况下，切勿在计算机上操作 U 盘。

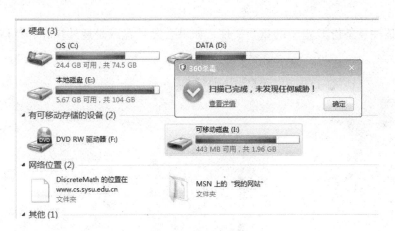

图 1-41　检测结果

（4）单击检测结果对话框中的"查看详情"，查看检测具体情况，如图 1-42 所示。

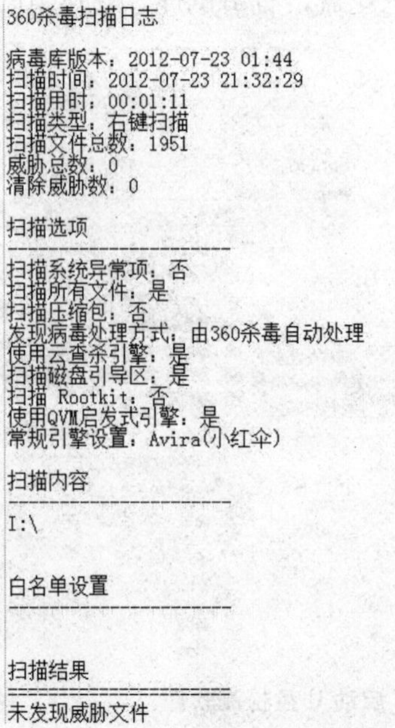

```
360杀毒扫描日志

病毒库版本：2012-07-23 01:44
扫描时间：2012-07-23 21:32:29
扫描用时：00:01:11
扫描类型：右键扫描
扫描文件总数：1951
威胁总数：0
清除威胁数：0

扫描选项
————————————————————
扫描系统异常项：否
扫描所有文件：是
扫描压缩包：否
发现病毒处理方式：由360杀毒自动处理
使用云查杀引擎：是
扫描磁盘引导区：是
扫描 Rootkit：否
使用QVM启发式引擎：是
常规引擎设置：Avira(小红伞)

扫描内容
————————————————————
I:\

白名单设置
————————————————————

扫描结果
————————————————————
未发现威胁文件
```

图 1-42　检测详细报告

5. 要点提示

（1）当 U 盘插入计算机，启动自动运行程序，一定要先将其关闭，再进行病毒扫描。

（2）请注意备份 U 盘中的重要文件，如果丢失 U 盘或是意外损坏，将造成损失。

第 2 章　Windows 7 操作系统实验

2.1　知识要点

1. Windows 7 操作系统的主题和外观。
2. 桌面、"开始"菜单、"任务栏"的特性及基本操作。
3. 窗口的组成和基本操作。
4. "Windows 资源管理器"的启动及浏览功能。
5. 文件夹与文件的基本操作。
6. 库的作用和基本操作。
7. 计算机用户的管理。

2.2　实验内容

1. 设置计算机主题和外观。
2. 设置桌面图标。
3. 设置桌面分辨率。
4. "开始"菜单基本操作。
5. "任务栏"的基本操作。
6. 窗口的基本操作。
7. "Windows 资源管理器"的基本操作。
8. 文件夹或文件的基本操作。
9. 库的基本操作。
10. 计算机用户管理。
11. 利用 Windows 操作系统设置系统备份和恢复。

2.2.1　实验任务 1：设置计算机主题和外观

1. 实验目的

（1）熟悉计算机主题和外观的概念。

（2）熟悉 Windows 7 的桌面体验和预览特性。

（3）掌握计算机主题和外观的个性化设置方法。

2. 实验任务

【实验2-1】设置计算机主题和外观。

桌面主题主要包括桌面背景、窗口颜色、系统声音和屏幕保护程序等。个性化主题就是选取中意的壁纸、心仪的颜色、悦耳的声音、有趣的屏幕保护图案。外观主要是指边框的大小和颜色，显示的字体大小等。

3. 实验说明

（1）设置桌面背景。

（2）设置窗口颜色和外观。

（3）设置系统声音。

（4）设置屏幕保护程序。

（5）主题的保存与删除操作。

4. 操作方法

（1）在桌面空白处单击鼠标右键，弹出如图2-1所示的菜单；在弹出的菜单中，选择"个性化"命令，屏幕上出现"个性化"窗口，如图2-2所示。

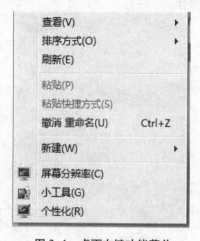

图2-1　桌面右键功能菜单

图2-2　"个性化"窗口

（2）设置"桌面背景"。单击"桌面背景"选项，出现"选择桌面背景"窗口，如图2-3所示。

单击"图片位置"右侧的下拉列表，可以通过鼠标移动或滚动滑轮选择"Windows桌面背景"、"图片库"、"顶级照片"、"纯色"中的一个图片作为桌面背景，也可以通过单击"浏览"按钮，选择需要用于桌面背景的图片的文件夹，选择一个或多个图片创建一张幻灯片。

选择图片时，可以通过单击"全选"或"全部清除"按钮，选中全部图片或清除已选中的图片。当选择一个图片作为桌面背景时，将鼠标移动到某个图片并单击即可；当选择多个图片时，将鼠标移动到该图片，单击左上角小方块，选中该图片；若再次单击，则取消选择。可以拉动右侧垂直滚动条，查看、选择不在视图窗口中的图片。

单击"图标位置"的下拉列表，可以设置"填充"、"适应"、"拉伸"、"平铺"和"居中"等图片效果。

图 2-3 "选择桌面背景"窗口

　　当桌面背景选择了多个图片以幻灯片的形式显示桌面背景时，"更改图片时间间隔"下拉列表、"无序播放"、"使用电池时，暂停幻灯片放映可节省电源"这些选项变为可设置状态，通过修改这些选项，可设置桌面图片的播放速度、播放顺序等。

　　单击"保存修改"按钮，完成"桌面背景"个性化设置；单击"取消"按钮，则返回上一级窗口，恢复设置前的桌面背景。

　　（3）设置窗口颜色和外观。单击"窗口颜色"选项，出现"窗口颜色"窗口，如图 2-4 所示。

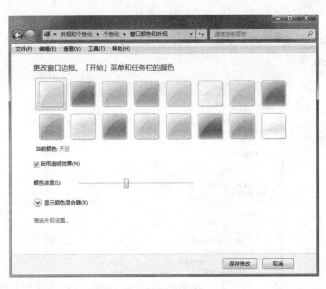

图 2-4 "窗口颜色"窗口

　　单击 Windows 7 提供的 16 种颜色中的一种颜色，可以更改窗口边框以及"开始"菜单和"任务栏"的颜色。

　　单击"启用透明效果"前的小方块，设置窗口的透明效果；再次单击该方块，则取消窗口的透明效果。

移动"颜色浓度"滑块，可以选择系统提供外的颜色。也可以单击"显示颜色混合器"，通过滑动"色调"、"饱和度"、"亮度"滑块设置外观颜色。

单击"高级外观设置"项，打开"窗口颜色和外观"对话框，可以进行窗口颜色和外观的高级设置，可以分别为"桌面"、"图标"、"菜单"、"窗口"、"标题按钮"等项目设置外观大小、颜色、字体大小、字形和字体颜色等，如图2-5所示。

最后单击"保存修改"按钮，完成窗口颜色和外观的设置。

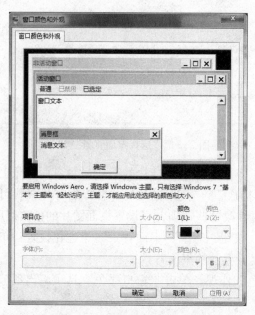

图2-5 "窗口颜色和外观"对话框

（4）若要修改系统声音，选择"声音"项，打开"声音"对话框，单击"声音"选项卡，如图2-6所示。

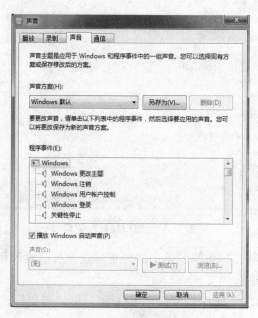

图2-6 "声音"对话框

单击"声音方案"下拉列表，可以选择"传统"、"都市风暴"、"风景"等15种系统自带的声音方案。

若要设置个性化声音方案，可以修改"程序事件"列表框中的任意事件的声音。单击选中列表框中的程序事件，此时，"声音"下拉列表框中显示对应的声音名称，"测试"按钮、"浏览"按钮由灰色变为可用。单击"浏览"按钮，可以选择希望使用的声音文件（即：.wav波形文件）；单击"测试"按钮，可试听所选声音。

在系统提供的"声音方案"下，修改任何程序事件的"声音"方案，"声音方案"下拉列表框中将在之前的声音方案名称后面加上"（已修改）"，单击"另存为"按钮，将修改后的方案保存为个性化声音方案。

在个性化声音方案下，修改程序事件的"声音方案"，如果需要保存，单击"确定"按钮；否则，单击"取消"按钮。

选中非系统提供的"声音方案"，单击"删除"按钮，删除选中的声音方案。

单击"播放"选项卡，对与计算机连接的扬声器和耳机进行设置。

单击"录制"选项卡，对计算机的麦克风进行设置。

单击"通信"选项卡，可以设置Windows检测到其他通信时进行的声音操作。

单击"确定"按钮，保存并执行修改方案；单击"取消"按钮，仍执行原声音方案。

（5）如果需要设置或修改屏幕保护程序，单击"屏幕保护程序"选项，打开"屏幕保护程序设置"对话框，如图2-7所示。

图2-7 "屏幕保护程序设置"对话框

默认情况下，系统未启动"屏幕保护程序"。单击"屏幕保护程序"下拉列表，可以选择"变幻线"、"彩带"、"空白"和"气泡"等系统提供的屏幕保护程序，单击"设置"按钮，打开"无相关设置内容"对话框；选择"三维文字"，单击"设置"按钮，可以对文字内容、文字字体、动态效果、表面样式、分辨率、大小和旋转速度等进行个性化设置；选择"照片"，单击"设置"按钮，可以个性化选择喜欢的图片文件以及这些照片播放的速度和顺序。

单击"预览"按钮，可以预览所选屏幕保护程序的运行效果。

通过上下微调"等待"微调器或直接输入数值，设置屏幕保护程序启动的条件。选中"在恢复时显示登录屏幕"，设置退出屏幕保护程序时进行的操作。单击"更改电源设置"按钮，进行电源的设置。

最后，单击"确定"按钮，保存所选屏幕保护程序及电源设置；单击"取消"按钮，仍保持原屏幕保护程序和电源设置。

（6）以上修改引起主题的变化，系统默认命名为"未保存的主题"，单击"未保存的主题"，然后单击右键，选择"保存主题"，打开"主题另存为"对话框，然后输入主题名称（如：My Theme），单击"保存"按钮，保存该未保存主题，同时系统主题设置为该主题。

（7）右键单击某个非当前的主题，选择"删除主题"项，在打开的对话框中，单击"是"按钮，删除该主题。

5．要点提示

（1）透明的玻璃图案带有精致的窗口动画和新窗口颜色，将轻型透明的窗口外观与强大的图形高级功能结合在一起，这就是 Aero 桌面体验的特点。按组合键"Ctrl+Windows 徽标键+Tab"，使用三维窗口切换来切换窗口。

（2）在设置主题与外观的过程中，当改变某些属性时，系统提供预览功能。

（3）当背景、窗口颜色、声音或屏幕保护程序进行任何修改时，都会引起主题的变化，且该主题设置为当前主题，命名为"未保存的主题"。

（4）在删除主题时，不能删除当前主题。

2.2.2　实验任务 2：设置桌面图标

1．实验目的

（1）了解桌面超大图标效果。

（2）掌握更改桌面图标、整理桌面图标、启动桌面程序等操作方法。

2．实验任务

【实验 2-2】设置桌面图标。

在默认状态下，Windows 7 在桌面左上角只保留了"回收站"图标。为了便于操作，重新设置和排列桌面图标。

3．实验说明

（1）更改桌面图标。

（2）整理桌面图标。

（3）启动桌面程序。

4．操作方法

（1）更改桌面图标

在桌面空白处，单击鼠标右键，在弹出的菜单中单击"个性化"命令。在"个性化"窗口中，单击"更改桌面图标"选项。

在"桌面图标设置"对话框中，在"计算机"、"回收站"、"用户的文件"、"控制面板"和"网络"等桌面图标的复选框中选择需要添加到桌面的图标。

如果需要更改图案，选中"列表框"中的某个桌面图标，单击"更改图标"选项，在列表中任意选择一个图标，单击"确定"按钮，桌面图标即可替换为所选的图标。单击"还原默认值"选项，即可恢复为系统默认的图标。

如果更改主题时不允许更改桌面图标，取消勾选"允许主题更改桌面图标"选项。

单击"应用"按钮，对桌面图标进行的设置即生效。单击"确定"按钮，完成更改桌面图标设置。

（2）整理桌面图标

右击桌面空白处，将鼠标移动到"排序方式"菜单项。分别单击"名称"、"大小"、"项目类型"和"修改时间"选项，桌面图标按所选项排序。

右击桌面空白处，将鼠标移动到"查看"菜单项，分别单击"大图标"、"中等图标"和"小图标"菜单项，设置桌面图标的大小。

单击"自动排列图标"菜单项，桌面图标从左到右自动排列。

单击"将图标与网格对齐"菜单项，桌面图标立即对齐到就近的网格中。

单击"显示桌面图标"，取消勾选菜单项，桌面图标立即被隐藏。再次单击"显示桌面图标"，桌面图标立即显示到原位置。

单击"显示桌面小工具"，取消勾选菜单项，桌面小工具立即被隐藏。再次单击"显示桌面小工具"，桌面小工具立即出现在原来的位置。

（3）启动桌面程序

单击桌面某个图标，或右击桌面某个图标，单击"打开"菜单，或选中桌面某个图标，按 Enter 键，即可打开该程序。

5. 要点提示

（1）系统只提供了"计算机"、"回收站"、"用户的文件"、"控制面板"和"网络"等桌面图标，其他程序或文件的桌面图标通过发送快捷方式到桌面来实现。

（2）取消勾选"自动排列图标"菜单项，可以将桌面图标放置在桌面的任意位置。

2.2.3 实验任务 3：设置桌面分辨率

1. 实验目的

（1）了解桌面分辨率和刷新频率的含义。

（2）掌握桌面分辨率、刷新频率的设置方法。

2. 实验任务

【实验 2-3】设置桌面分辨率。

桌面分辨率是屏幕图像的精密度，是指显示器所能显示的像素多少。分辨率越高，屏幕中的像素点也越多，画面就越精细。刷新频率是指电子束对屏幕上的图像重复扫描的次数。刷新频率越高，图像就越稳定，图像显示就越自然清晰，对眼睛的影响也越小。

3. 实验说明

（1）设置屏幕分辨率。

（2）设置刷新频率。

4. 操作方法

（1）在桌面空白处单击鼠标右键，单击"屏幕分辨率"菜单项。单击"分辨率"栏右侧的下拉框，拖动下拉框中的滑块可以选择当前显示器所支持的分辨率。

（2）当有多个显示器时，单击"显示器"下拉列表，选择其他显示器进行设置。

（3）单击"方向"下拉列表，可以将当前显示器设置为"横向"、"纵向"、"横向（翻转）"和"纵向（翻转）"。

（4）单击"高级设置"，选择"监视器"选项卡。单击"屏幕刷新频率"栏的下拉列表按钮，选择合适的刷新频率数值，单击"确定"按钮，完成刷新频率的设置。

（5）单击"确定"按钮，完成桌面分辨率设置。

5. 要点提示

（1）分辨率越高，刷新频率就应该越高，但不是每个屏幕分辨率与每个刷新频率都兼容。

（2）更改刷新频率，将影响登录到这台计算机上的所有用户。

2.2.4 实验任务4:"开始"菜单基本操作

1. 实验目的

（1）掌握"开始"菜单的组成和功能特性。

（2）掌握"开始"菜单的基本操作方法。

2. 实验任务

【实验2-4】"开始"菜单的基本操作。

"开始"菜单是使用和管理计算机的起点，通过它，可运行程序、打开文档及执行其他常规任务，用户几乎可以完成任何系统使用、管理和维护等工作。"开始"菜单的便捷性简化了频繁访问程序、文档和系统功能的常规操作方式。

3. 实验说明

（1）启动程序。

（2）"跳转列表"的基本操作。

（3）搜索框操作。

（4）自定义"开始"菜单。

4. 操作方法

（1）打开"开始"菜单

单击桌面左下角带有 Windows 图标的"开始"按钮，出现"开始"菜单，如图2-8 所示。

（2）启动程序

单击"所有程序"选项，找到将要打开的程序位置，单击该程序的图标，或右击选择"打开"命令，或移动到该程序按 Enter 键，启动该程序。

（3）"开始"菜单的跳转列表操作

单击"开始"菜单，将鼠标移动到某程序（如：Microsoft Office Word 程序），在"开始"菜单右侧弹出该程序（Word）的跳转列表。

如需锁定常用文件到该程序的跳转列表，将鼠标移动到"最近"列表中需要锁定

图 2-8   "开始"菜单

的文件,在文件列表项后面会出现一个"锁定到此列表"图标 📌,单击该图标(或右击"最近"列表中需锁定的文档,单击"锁定到此列表"菜单项;或直接拖动需要锁定的文件),即可将所选文档锁定到跳转列表中,并立即显示在"已固定"列表。

　　右击"最近"列表中需要删除的文件,单击"从列表中删除",即从跳转列表中删除。将鼠标移动到"已固定"列表中需要解锁的文件,在该文件列表项后面会出现"从此列表中解锁"图标 📌,单击该图标(或右击"已固定"列表中需解锁的文件,单击"从此列表中解锁"),则此文件从"已固定"列表中消失,解锁的文档按最后打开的时间排序显示在"最近"列表中。

　　(4)附到"开始"菜单操作

　　鼠标右击需要附加到"开始"菜单的程序快捷方式选项,然后单击"附到开始菜单"菜单项,此程序的快捷方式立即显示在开始菜单的顶端区域。

　　鼠标右击顶端区域需从"开始"菜单解锁的程序快捷方式,然后单击"从开始菜单解锁",则解锁的程序的快捷方式按最后打开的时间排序显示在"开始"菜单中。

　　(5)搜索框操作

　　单击"开始"按钮,在"开始"菜单的搜索框中键入"cmd"或"命令提示符"或其他关键字。单击搜索结果中的"cmd"或"命令提示符"程序的快捷方式或搜索的相关结果,即可方便、快捷地启动程序或访问该文件。

　　(6)设置"开始"菜单

　　鼠标右击"开始"按钮或"开始"菜单空白处,单击"属性"命令,打开"开始"菜单属性设置对话框,如图 2-9 左图所示。

　　若要设置"开始"菜单右窗格,单击"自定义"选项,打开"自定义开始菜单"对话框,如图 2-9 右图所示。拖动垂直滚动条,根据实际需要,勾选需要在"开始"

菜单中显示的复选项。调整"程序的数目"微调器或直接输入数值，设置"开始"菜单最多能显示最近打开过的程序数目。调整"项目数"微调器或直接输入数值，设置"开始"菜单程序的跳转列表最多能显示最近使用的项目数。如果需要"开始"菜单恢复系统默认设置，单击"使用默认设置"。单击"确定"按钮，完成自定义"开始"菜单设置；单击"取消"按钮，原有设置仍有效。

单击"电源按钮操作"下拉列表，通过鼠标移动、滑动鼠标滚轴或键盘上下键选择"关机"、"切换用户"和"注销"等设置按电源按钮时计算机所要执行的操作。

勾选"隐私"复选框，设置存储并显示最近在"开始"菜单中打开的程序或在"开始"菜单和任务栏中打开的项目。

单击"确定"按钮，"开始"菜单属性设置生效。

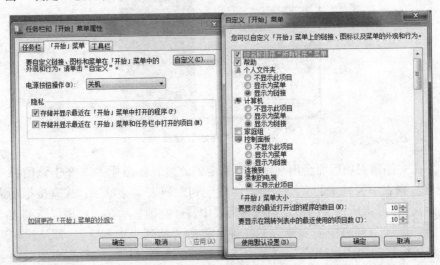

图 2-9 "开始"菜单属性设置

5. 要点提示

（1）为了便于访问或启动程序，可将常用的程序附加到"开始"菜单，常用的文档锁定到该程序的跳转列表中。

（2）掌握搜索技巧，可以快速找到所需程序或文件。

（3）为了便于操作，根据习惯自定义"开始"菜单。

2.2.5 实验任务5："任务栏"的基本操作

1. 实验目的

（1）了解"任务栏"的组成和功能特性。

（2）掌握"任务栏"的基本操作方法。

2. 实验任务

【实验2-5】"任务栏"的基本操作。

在 Windows 7 中，"任务栏"中所有的应用程序采用大图标模式。"任务栏"增加了窗口的预览功能，当指向任务栏按钮时，将显示一个缩略图大小的窗口预览，同时可以在预览窗口中进行相应操作。"任务栏"还提供了"跳转列表"功能，可以让用户轻松快捷地访问经常使用的程序或文档。

3. 实验说明

（1）调整"任务栏"的位置、高度和图标顺序。

（2）启动程序。

（3）"跳转列表"的基本操作。

（4）通知区域、指示器和显示桌面的基本操作。

4. 操作方法

（1）调整"任务栏"的高度

鼠标右击"任务栏"空白处，取消勾选"锁定任务栏"选项。将鼠标指向"任务栏"的上边缘处，待鼠标光标变成双向箭头形状时，用鼠标上下拖动改变"任务栏"的高度，但最高只可调整至桌面的1/2处。

（2）调整"任务栏"的位置

鼠标右击"任务栏"空白处，取消勾选"锁定任务栏"选项。将鼠标指向"任务栏"的空白处，按下左键，向桌面的顶部或者两侧拖动释放即可。

（3）调整"任务栏"图标按钮

对于未打开的程序，将程序的快捷方式图标直接拖到"任务栏"的空白处，即可将此程序锁定到"任务栏"。对于已打开的程序，右击该程序图标，单击"将此程序锁定到任务栏"，此程序常驻"任务栏"。

选中任务栏按钮区图标，左右拖动任务栏按钮区图标，即可重新排列任务栏图标。

鼠标右击某图标按钮，然后单击"将此程序从任务栏中解锁"，则将该程序从任务栏按钮区中移除。

（4）启动程序

当某程序未打开时，直接单击该程序图标即可启动该程序。当某个程序只启动一个时，单击该程序图标，将打开程序运行窗口。当某个程序启动多个时，单击该程序图标，将显示已启动程序的预览窗口。当某个程序已启动，仍需重新启动该程序，右击程序图标，单击该程序名称，即可启动该程序。

（5）跳转列表操作

鼠标右击程序图标，显示该程序的跳转列表。根据"开始"菜单的跳转列表操作，对"任务栏"的跳转列表进行"锁定"、"解锁"、"删除"等操作。

（6）通知区域操作

单击通知区域的倒三角按钮，选择"自定义"，找到需要在"任务栏"中显示或隐藏的图标，通过下拉列表选择"显示图标和通知"、"隐藏图标和通知"或"仅显示通知"。单击"确定"按钮，任务栏通知区域即显示或隐藏所设置的图标。

（7）显示桌面操作

将鼠标移动到"任务栏"最右侧的那一小块半透明的区域——"显示桌面"，可透视桌面上的所有东西，查看桌面的情况。鼠标从"显示桌面"区域移除，桌面上的任务恢复原状；双击"显示桌面"，则桌面所有任务最小化到"任务栏"。

（8）指示器操作

将鼠标指向任务栏通知区域电子时钟指示器，将显示当前日期和时间。单击该指示器，出现日历和时钟；单击"更改日期时间设置"，打开"日期和时间"对话框。

单击"更改日期和时间"选项，调整系统日期和时间。单击"附加时钟"选项卡，勾选"显示此时钟"，即可通过下拉列表设置不同的时区和命名该时钟。最后，单击"确定"按钮，设置附加时钟。将鼠标指向时钟区域，即可显示设置的附加时钟信息。

单击喇叭图标，打开"扬声器调整"对话框。当系统检测到声音时，滑块中有类似绿色液体上下波动。上下拖动滑块可增大或降低音量。单击"合成器"按钮，可以调整扬声器、系统声音、Internet Explorer 声音的大小；单击 图标，在"扬声器属性"对话框中，可以对扬声器进行详细设置。

单击"输入法指示器"，选择需要使用的输入法。可以按组合键"Ctrl+Shift"或"Ctrl+Space"切换输入法。右击"输入法指示器"，单击"设置"按钮，在"文本服务和输入语言"对话框中，在"键盘"栏中选中需要删除的输入法，单击"删除"按钮。单击"添加"按钮，选择添加已安装的输入法，单击"确定"按钮，完成输入法指示器的设置。

5. 要点提示

（1）"任务栏"的预览窗口中的内容可以是文档、照片，甚至可以是正在运行的视频，而且在预览窗口中可以进行关闭窗口、最大化窗口、播放视频、暂停视频、下一个视频、上一个视频等相关操作。

（2）从"任务栏"的图标按钮的外观效果可以看出该程序是否启动和启动的数量。

（3）快速启动栏和活动任务结合在一起组成图标按钮区。

2.2.6 实验任务 6：窗口的基本操作

1. 实验目的

（1）熟悉窗口的组成。

（2）掌握窗口的基本操作方法。

2. 实验任务

【实验 2-6】窗口的基本操作。

在 Windows 7 操作系统中，程序运行后，在桌面上打开一个窗口，对窗口可以进行关闭窗口、改变窗口尺寸、移动窗口、最小化窗口或最大化到整个屏幕上等操作。

3. 实验说明

（1）打开与关闭窗口。

（2）切换、移动和排列窗口，改变窗口的大小。

4. 操作方法

（1）打开与关闭窗口

双击桌面上的程序快捷图标，或选择"开始"菜单中的"程序"命令，或在"计算机"和"Windows 资源管理器"中某程序的安装目录下双击该程序或文档图标，或单击任务栏中的按钮图标，打开程序或文档对应的窗口。

单击窗口右上角的"关闭"按钮 ，或双击程序窗口左上角的控制菜单按钮图标（或空白处），或右击程序窗口标题栏（或按组合键"Alt+空格键"），单击"关闭"按钮，或直接按组合键"Alt+F4"，或选择"文件"菜单中的"关闭"（或"退出"）

命令，完成窗口的关闭操作。

（2）切换窗口

使用组合键"ALT+Tab"、"ALT+Shift+Tab"、"Alt+Esc"进行窗口的切换；单击某非活动窗口能看到的部分，该窗口切换为活动窗口；单击任务栏按钮图标或预览窗口进行切换。

（3）移动窗口

用鼠标左键直接拖动窗口的标题栏到指定的位置。按组合键"Alt+空格键"，打开系统控制菜单，使用箭头键选择"移动"命令。使用箭头键将窗口移动到指定的位置上，按回车键即可。

（4）改变窗口大小

将鼠标指向窗口的边框或窗口的4个角，鼠标指针变为↕、↔、↘和↗，按住鼠标左键拖动到所需要的大小。

单击窗口标题栏右上角的"最大化"按钮，窗口最大化；双击窗口标题栏，窗口最大化；再次双击窗口标题栏，窗口还原。右击标题栏或按组合键"Alt+空格键"，打开系统控制菜单，选择"最大化"菜单项，鼠标移到标题栏，按住鼠标左键拖动窗口到屏幕顶部，窗口最大化；按住左键将窗口标题栏拖离屏幕顶部，窗口还原。

单击窗口标题栏右上角的"最小化"按钮，窗口最小化；单击任务栏上的应用程序图标，窗口最小化；再次单击该图标，窗口还原。右击标题栏或按组合键"Alt+空格键"，打开系统控制菜单，选择"最小化"菜单项，窗口最小化。

（5）排列窗口

右击"任务栏"的任意空白处，分别选择"层叠窗口"、"堆叠显示窗口"和"并排显示窗口"，打开的多个窗口按相应方式排列。

当多个窗口在显示在屏幕上，鼠标移动窗口标题栏，按住鼠标左键晃动窗口，则其他窗口最小化。重复操作，其他窗口还原。

5. 要点提示

（1）Windows 7提供了拖动标题栏到指定区域可最大化、还原当前窗口。

（2）Windows 7提供了晃动窗口，快速将非当前窗口最小化到"任务栏"。

2.2.7 实验任务7："Windows 资源管理器"的基本操作

1. 实验目的

（1）熟悉"Windows 资源管理器"的结构。

（2）掌握"Windows 资源管理器"的基本操作方法。

2. 实验任务

【实验2-7】"Windows 资源管理器"的基本操作。

"Windows 资源管理器"是一个重要的文件管理工具。在"Windows 资源管理器"中可显示出计算机上的库、文件、文件夹和驱动器的树型结构，同时也显示了映射到计算机上的所有网络驱动器名称。

3. 实验说明

（1）启动"Windows 资源管理器"。

（2）浏览磁盘内容。

4. 操作方法

（1）启动"Windows 资源管理器"

单击"开始"按钮，依次选择"所有程序"、"附件"、"Windows 资源管理器"；右击"开始"按钮，选择"打开 Windows 资源管理器"；在"任务栏"中，选择"Windows 资源管理器"图标按钮；按组合键"WIN+E"。

（2）使用"Windows 资源管理器"浏览磁盘内容

单击左窗格文件夹列表中某一驱动器盘符或文件夹，该驱动器或文件夹包含的内容显示在右窗格工作区中。

单击某一驱动器盘符或文件夹前面的" ▷ "图标，将该驱动器或文件夹"展开"，显示其包含的子文件夹。

单击某一驱动器盘符或文件夹前面的" ◢ "图标，将该驱动器或文件夹"折叠"，隐藏显示其包含的子文件夹。

右击右窗格空白处，选择"查看"，或单击" ▤ ▾ "下拉菜单，选择不同的菜单项，设置文件或文件夹不同的显示方式。

单击" ▯ "图标，设置窗格的预览功能。再次单击，取消预览功能。

5. 要点提示

（1）设置文件的预览功能后，能预览如文本文件、微软的办公文档和 PDF 文件等文件，但并不是所有文件都能预览文件的内容。

（2）可通过依次单击"Windows 资源管理器"窗口中的"组织"、"布局"和"菜单栏"，将熟悉的菜单栏显示在工具栏上方。

2.2.8　实验任务 8：文件夹或文件的基本操作

1. 实验目的

（1）熟悉文件夹、文件的概念以及属性、路径等。

（2）掌握文件夹或文件的基本操作方法。

2. 实验任务

【实验 2-8】文件夹或文件的基本操作。

文件夹与文件的管理是 Windows 7 的一项重要功能，包括新建文件（文件夹）、文件（文件夹）的重命名、复制与移动、删除、查看属性等基本操作。

3. 实验说明

（1）文件夹或文件的选定、新建、重命名、复制与移动、删除与恢复等操作。

（2）设置文件夹或文件属性。

（3）文件夹或文件的压缩与解压操作。

（4）文件夹或文件的搜索操作。

4. 操作方法

（1）选定文件夹或文件

单个对象的选择：直接在文件夹或文件的图标上单击即可。

多个连续对象的选择：单击要选的第一个文件夹或文件图标，按住 Shift 键，单击需要选择的最后一个文件夹或文件图标。

多个不连续对象的选择：按住 Ctrl 键，逐个单击要选取的文件夹或文件图标。

全选所有对象：所有对象形成的矩形区域外按住鼠标左键，拖动鼠标直到以起始点为对角线的矩形包含所有对象为止，或按快捷键 Ctrl+A，可以实现全选。

取消选择：在空白处单击则取消选择。

（2）新建文件夹或文件

在"计算机"、"Windows 资源管理器"窗口中选中一个驱动器盘符，打开该驱动器，找到要创建文件夹或文件的位置。然后选择"文件"菜单中的"新建"命令，选择"新建文件夹"或文件类型。

在"桌面"、某个"库"或某个文件夹中单击右键，在弹出的快捷菜单中选择"新建"命令，选择"新建文件夹"或文件类型。

（3）重命名文件夹或文件

单击要重新命名的文件夹或文件，选择"文件"菜单中的"重命名"命令；右击选定的文件夹或文件，在弹出的快捷菜单选择"重命名"命令；鼠标指向某文件夹或文件名称处，单击一下鼠标后，稍停一会，再单击左键，即可进行重命名；选定要重命名的文件夹或文件，直接按 F2 键，进行重命名。

（4）复制与移动文件夹或文件

选定要复制的源文件夹或文件，选择"编辑"菜单中的"复制"命令（或右击鼠标，在弹出的快捷菜单中选择"复制"命令，或按组合键"Ctrl+C"），再定位到文件复制的目标位置，选择"编辑"菜单中的"粘贴"命令（或右击鼠标，在弹出的快捷菜单中选择"粘贴"命令，或按组合键"Ctrl+V"）；选择要复制的文件或文件夹，按住鼠标右键并拖动到目标位置，释放鼠标，在弹出的快捷菜单中选择"复制到当前位置"命令；在"Windows 资源管理器"中选择要复制的文件或文件夹，按住 Ctrl 键，拖动到目标位置。

选定要移动的源文件夹或文件，选择"编辑"菜单中的"剪切"命令（或右击鼠标，在弹出的快捷菜单中选择"剪切"命令，或按组合键"Ctrl+X"），定位到目标位置，选择"编辑"菜单中的"粘贴"命令（或右击鼠标，在弹出的快捷菜单中选择"粘贴"命令，或按组合键"Ctrl+V"）。

（5）删除与恢复文件夹或文件

选定要删除的文件夹或文件，按 Delete（Del）键；选定要删除的文件夹或文件，单击鼠标右键，选择"删除"命令；选择要删除的文件夹或文件，选择"文件"菜单中的"删除"命令；在"计算机"或"Windows 资源管理器"中，单击"组织"中的"删除"；选择要删除的文件夹或文件，按组合键"Shift+Del"，永久性删除。

恢复文件夹或文件，双击桌面上的"回收站"图标，选定要恢复的文件夹或文件，单击"文件"菜单下的"还原"（或单击右键，在弹出的快捷菜单中选择"还原"命令），选定的文件夹或文件就被恢复到原来的位置。

（6）设置文件夹或文件属性

右击某个文件夹或文件，选择"属性"菜单项，打开文件夹或文件的属性对话框。

在"常规"选项卡中，显示文件的类型、位置、大小、包含（文件和文件夹数）和创建时间等信息。勾选"只读"、"隐藏"及"高级"中"存档和索引属性"和"压缩或加密属性"复选框，设置文件夹或文件的属性。

在"共享"选项卡，选择"共享"指定用户共享该文件夹或文件；选择"高级共享"按钮，"共享名"设置文件夹或文件的共享名称，"同时共享的用户数量限制"设定同时访问该共享文件夹或文件的用户上限，"权限"指定共享用户的操作权限，"缓存"设置用户是否可以脱机访问该共享文件夹或文件。

在"安全"选项卡，为计算机用户设置的访问权限。

在"自定义"选项卡，设置文件夹或文件的图标。

如果需要设置计算机里所有文件夹或文件的属性，单击菜单栏"工具"，选择"文件夹选项"，或单击"组织"，选择"文件夹和搜索选项"，打开"文件夹选项"对话框。在"常规"选项卡中，个性化设置"浏览文件夹"、"打开项目的方式"和"导航窗格"。在"查看"选项卡中，修改"隐藏文件和文件夹"、"隐藏已知文件类型的扩展名"等文件夹视图设置。在"搜索"选项卡中，设置"搜索内容"和"搜索方式。

（7）文件夹或文件的压缩/解压缩

右击选定需要压缩的文件夹或文件，选择"添加到压缩文件"。在"压缩文件名和参数"对话框中，单击"浏览"，设置压缩文件存放位置，单击"压缩文件名"下拉列表框，输入文件名称。也可选择"压缩文件格式"、"压缩方式"、"压缩分卷，大小"、"更新方式"和其他"压缩选项"，最后单击"确定"按钮，压缩文件完成。

选定压缩文件，单击鼠标右键，任选"解压到文件"、"解压到当前文件夹"或"解压（原文件名）"，即可解压该文件。

（8）搜索文件夹或文件

在"开始"菜单的搜索框中输入需搜索文件夹或文件的全名或名称的一部分或文件包含的文字，按回车键，开始进行搜索。

在"计算机"或任一个非运行程序窗口的搜索框中输入需搜索文件夹或文件的全名或名称的一部分或文件包含的文字进行搜索。

按组合键"Win+F"，打开搜索框，输入需搜索文件夹或文件的全名或名称的一部分或文件包含的文字进行搜索。

5. 要点提示

（1）在对可移动磁盘内的文件夹或文件进行删除操作时，直接删除文件夹或文件，不受"回收站"的保护。

（2）对于共享的文件夹或文件设置合理的属性，有利于保护文件夹或文件。

（3）根据不同的需求，可以对计算机里所有文件夹或文件设置不同的属性。

（4）可以对多个文件夹或文件进行压缩。

（5）掌握搜索方法和技巧，可以快速找到所需文件夹或文件。

2.2.9　实验任务9：库的基本操作

1. 实验目的

（1）了解库的概念。

（2）掌握库的基本操作方法。

（3）掌握库与文件夹的异同。

2. 实验任务

【实验2-9】库的基本操作。

库是用于管理文档、音乐、图片和其他文件的位置，可以使用与在文件夹浏览文件相同的方式浏览文件。它可以收集多个不同位置（包括本地、网络）的文件夹或文件，并将其显示为一个集合，而无需从其存储位置移动这些文件。

3. 实验说明

（1）创建新库。

（2）在库中包含文件夹。

（3）在库中删除文件夹。

（4）自定义库。

（5）删除库。

2. 操作方法

（1）创建新库

单击"开始"按钮，单击用户名（即：打开个人文件夹），或打开"Windows 资源管理器"，或打开"计算机"，然后单击左窗格中的"库"。在空白处单击鼠标右键，在弹出菜单中，选择"新建"命令，或在"库"中的工具栏上，单击"新建库"。键入库的名称，然后按 Enter 键。

（2）在库中包含文件夹

打开"Windows 资源管理器"或"计算机"，在导航窗格（左窗格）中，单击本地或网络中要包含的文件夹，或直接在右窗格中单击要包含的文件夹。在工具栏中，单击"包含到库中"，然后单击某个库（如："图片"）。

（3）在库中删除文件夹

打开"Windows 资源管理器"或"计算机"，在导航窗格（左窗格）中，单击选定要删除文件夹的库，在库窗格中，在"包含"旁边，单击"位置"按钮，在"库位置"对话框中，单击要删除的文件夹，单击"删除"按钮，然后单击"确定"按钮。

通过以上步骤删除库中的文件夹，存储在原始位置的文件不会被删除。如果需要原始位置的文件，则直接在具体库中选中该文件，单击右键，然后选择"删除"命令。

（4）自定义库

更改库的默认保存位置：打开需要更改的库，库窗格中，在"包含"旁边，单击"位置"按钮，在"库位置"对话框中，右键单击当前不是默认保存位置的库位置，单击"设置为默认保存位置"，然后单击"确定"按钮。

更改优化库所针对的文件类型：右键单击要更改的库，单击"确定"按钮，在"优化此库"列表中，单击某个文件类型，单击"确定"按钮。

（5）删除库

打开"Windows 资源管理器"或"计算机"，在导航窗格中或在库窗格中，鼠标右击要删除的库，选择"删除"命令。库被移动到"回收站"，在该库中访问的文件和文件夹存储在其他位置，不会被删除。

5. 要点提示

（1）库可以收集不同位置的文件，并将其显示为一个集合，而无需从其存储位置移动这些文件。

（2）在具体某个集合库中进行操作，相当于在该库默认保存位置的文件夹下进行相应操作。此时，删除操作将删除存储在原始位置的文件。

（3）库中不能嵌套库，只能在库的列表中新建库。

2.2.10 实验任务 10：计算机用户管理

1. 实验目的

（1）了解计算机用户的作用。

（2）掌握计算机添加、修改和删除用户的基本操作方法。

（3）了解不同类型用户的权限。

2. 实验任务

【实验 2-10】计算机用户管理。

计算机用户有权访问计算机上的文件和程序。只有计算机管理员账户才能进行添加、修改和删除用户等用户管理。不同类型的计算机用户具有不同的访问和操作权限。

3. 实验说明

（1）创建两个新用户。

（2）更改用户名称、创建密码、删除密码、更改用户图片、更改用户的类型。

（3）分别用这两个用户登录计算机，进行安装/卸载程序、系统环境设置等操作。

（4）删除计算机用户。

4. 操作方法

（1）向计算机增加新用户

单击"开始"按钮，然后单击"控制面板"，打开"调整计算机设置"窗口。单击"用户账户和家庭安全"下面的"添加或删除用户账户"，打开"管理账户"窗口。单击"创建一个新账户"，进入创建新账号界面。在"新账户名"文本框中键入希望命名的账户名称，然后通过选择"标准用户"、"管理员"单选框设置新建用户的类型，单击"创建用户"，创建新用户成功并返回"管理账户"窗口。

（2）更改计算机用户

打开"管理账户"窗口，在"选择希望更改的账户"列表中，单击用户图标进入更改账户的窗口。

单击"更改账户名称"，打开重命名账户窗口，在用户图标下方的"新账户名"文本框中输入新用户名，单击"更改名称"即可完成更改用户名称。

单击"创建密码"，打开创建密码窗口，在用户图标下方的"新密码"和"确认密码"中输入需重新设置的密码。为了帮助记住密码，可以在"键入密码提示"文本框中键入密码提示帮助用户记住密码，单击"创建密码"即可完成更改密码。

单击"删除密码"，打开删除密码窗口，单击"删除密码"，则密码为空。

单击"更改图片"，打开更改图片的窗口，在系统提供的图片列表中或通过单击"浏览更多图片"选择希望使用的图片，然后单击"更改图片"，可以改变用户在原屏幕和"开始"菜单上的显示照片。

单击"更改账户类型"，打开更改账户类型窗口，在"标准用户"、"管理员"单选框中系统默认选中原账户类型，当选择新账户类型后，"更改用户类型"选项变为可用，单击"更改用户类型"，则为用户设置新的账户类型。

（3）删除计算机用户

打开"管理账户"窗口，在"选择希望更改的账户"列表中单击用户图标进入更改账户的窗口。

单击"删除账户"，通过单击"删除文件"或"保留文件"选择是否保留希望删除用户的桌面和文档、收藏夹、音乐、图片、视频等文件。单击"删除用户"，该用户被删除。

5. 要点提示

（1）计算机管理员账户才具有用户管理权限。

（2）可通过计算机管理中"本地用户和组"的管理快捷地管理用户。

（3）在用户管理的过程中需注意用户类型的分配和密码的管理。

2.2.11　实验任务 11：利用 Windows 7 操作系统设置系统备份和恢复

1. 实验目的

（1）当系统遭受某些破坏时，利用系统的备份和恢复功能，可将系统部分或全部恢复到破坏前的状态。

（2）利用 Windows 7 自带的软件创建系统还原点，可实现系统的备份和恢复。

2. 实验任务

【实验 2-11】利用 Windows 7 自带的软件实现系统的备份和恢复。

3. 实验说明

（1）利用 Windows 7 设置系统还原点。

（2）利用设置的系统还原点对系统进行恢复。

4. 操作方法

（1）依次选择"控制面板"、"系统和安全"、"系统"，出现控制面板的系统窗口，如图 2-10 所示。

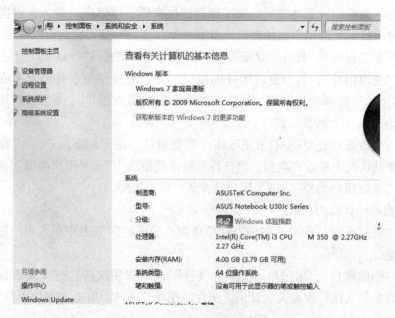

图 2-10   控制面板的系统窗口

（2）选择"系统保护"选项，打开"系统属性"对话框，如图 2-11 所示。

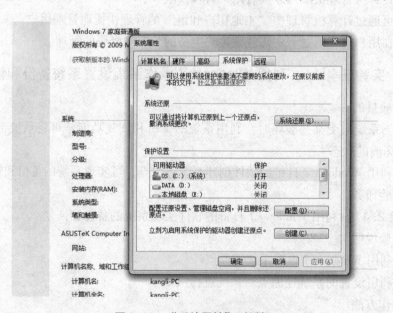

图 2-11   "系统属性"对话框

（3）选择"系统保护"选项卡，设置需要保护的磁盘，通常是系统盘，如 C 盘显示保护为打开状态。为了在出现异常的情况下能恢复系统，需要为其创建还原点（当然系统在进行某些更新行为后会自动创建还原点），单击"创建"按钮，打开"系统保护"对话框，如图 2-12 所示。

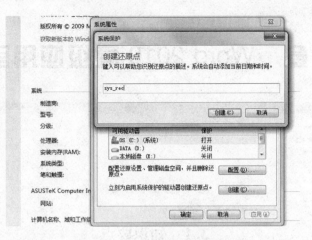

图 2-12　"系统保护"对话框

（4）为新建的还原点命名为 sys_rec，Windows 7 自动为该还原点添加时间和日期。单击"创建"按钮，系统创建还原点，并提示创建成功。

（5）当系统遇到异常，需要还原时，单击系统保护选项卡的系统还原按钮，然后单击"下一步"按钮，可以看到刚才创建的取名为 sys_rec 的还原点（表中另一个还原点由 Windows update 操作自行创建）。

（6）选择 sys_rec 的还原点，单击"下一步"按钮，打开"系统还原"对话框，如图 2-13 所示。

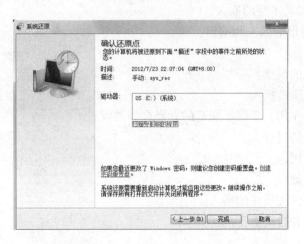

图 2-13　"系统还原"对话框

（7）单击"完成"按钮，系统将还原到 sys_rec 的还原点创建时的状态。

5. 要点提示

（1）系统保护选项卡中还包括一个配置按钮用于对系统还原功能使用中的其他相关属性进行设置，读者初次使用时请逐一了解并熟悉其设置方法。

（2）系统还原命令执行后必须重新启动计算机方能使系统更改生效。

第 3 章　Word 2010 高级应用实验

3.1　知识要点

1. Word 2010 的界面结构。
2. 文档的基本操作：新建、保存、关闭、打开和保护。
3. 文档的基本编辑操作：选择、删除、复制、粘贴、剪切文本。
4. 字符和段落格式设置。
5. 查找和替换的使用。
6. 表格的创建和编辑。
7. 图片和剪贴画的插入、设置首字下沉。
8. 图形绘制和艺术字的插入。
9. SmartArt 图形的插入和编辑。
10. 封面的制作。
11. 页面布局的设置。
12. 页眉和页脚的插入。
13. 分节符的作用，掌握不同节的页眉页脚的设置。
14. 邮件合并的过程。
15. 样式的使用。
16. 目录的添加。
17. 题注、脚注和尾注的插入。
18. 拼写检查和自动更正。
19. 批注和修订的插入。
20. 文档的打印。

3.2　实验内容

1. 创建文档并对文档进行基本的编辑。
2. 设置文档的字符和段落格式。
3. 插入表格和修饰表格。
4. 插入图片和剪贴画。

5. 绘图和插入艺术字。

6. 插入和编辑 SmartArt 图形。

7. 插入和编辑封面。

8. 页面布局（页面设置和页面背景）。

9. 插入页眉和页脚。

10. 邮件合并。

11. 插入目录。

12. 插入尾注和脚注。

3.2.1　实验任务 1：创建文档并对文档进行基本的编辑

1. 实验目的

（1）掌握文档的基本操作：新建、保存、关闭、打开文档。

（2）掌握文档的基本编辑操作：选择、删除、复制、粘贴、剪切文本。

2. 实验任务

【实验 3-1】创建一个新的文档，如图 3-1 所示，保存文档为"序.docx"，然后将文档的最后一段和倒数第二段交换位置。

《心灵的旅程》序

匡松

2010 年 7 月 12 日凌晨 2 点 30 分，第 19 届世界杯决赛在约翰内斯堡足球城球场鸣哨开球。凭借伊涅斯塔在第 116 分钟的绝杀，西班牙 1：0 击败荷兰，成为世界杯历史上第 8 支冠军球队。随着卡西利亚斯高高地举起大力神杯，窗外晨光熹微，鸟儿开始鸣叫。1 小时后，我驱车前往美领事馆。

晚上 10 点，凌晨 2 点 30 分，曾经是我最为期待的时刻。在那些不眠之夜，我曾经和老马一样欢呼雀跃，欣喜若狂。在京城的某个房间，目睹巴西、阿根廷先后出局的那两个夜晚实在是太悲伤了。卡卡重演四年前的悲剧，梅西东奔西突的身影孤独悲壮，令人心碎。随着南非世界杯的落幕，嗡嗡嗡的声音从耳边消失。这两个时间点没有什么可以期待了。已经习惯了嗡嗡嗡的夜晚，突然变得无声无息，世界万籁俱寂。

7 月的一个黄昏，一阵暴雨之后，厚厚的雨水云层渐渐散开。仰望天空的眼光穿过微红的云朵，我看见了高高站在科尔科瓦杜（Corcovado）山顶上那座巨大的雕像，身着长袍、目光慈爱的耶稣基督，面朝碧波荡漾的大西洋，张开双臂，开始迎接 2014 世界杯和全世界热爱桑巴舞的球迷。四年之后，一场盛大狂欢将在圣弗朗西斯科河与巴拉那河流域以及亚马孙平原的众多城市举行。那里是罗纳尔多和卡卡的故乡。

新的期待开始了！再不能错过了。在 2014 年的 6 月，面朝大海，远渡重洋，让我们在巴西的土地上重逢吧。

8 月来临。8 月，骄阳似火，草木繁盛，蝉声震天。

告别 7 月，背上行囊，坚定出发，是热爱 8 月的我的唯一选择。

我喜欢 8 月。我的许多美妙的旅程都是在 8 月展开的。唱一首张三的歌："没有烦恼没有那悲伤，自由自在身心开朗……，我们要飞到那遥远地方望一望，这世界还是一片的光亮。"

图 3-1　序.docx 的文本

3. 操作方法

（1）选择"文件"主选项卡的"新建"命令，在"新建文档"任务窗格中，单击"空白文档"，单击"创建"按钮，建立一个空文档。

（2）输入如图 3-1 所示的文字。

（3）单击"快速启动按钮"的"保存"按钮 🖫。在"另存为"对话框中，输入文件名"序"，如图 3-2 所示。

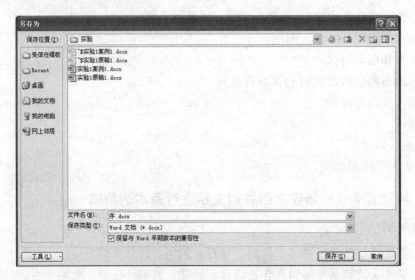

图 3-2　"另存为"对话框

（4）选择文档的最后一段，选择"开始"主选项卡的"剪贴板"功能区，单击"剪切"按钮。

（5）将光标定位在"蝉声震天"后，按回车键，选择"剪贴板"功能区的"粘贴"按钮。

（5）单击"快速启动按钮"的"保存"按钮，保存文档。

（6）选择"文件"主选项卡的"关闭"命令，关闭文档。

3.2.2　实验任务 2：设置文档的字符和段落格式

1. 实验目的

（1）掌握设置字符格式的基本操作：字体、字号、字形、颜色等。

（2）掌握设置段落格式的基本操作：段落缩进、段落对齐、行间距、段落间距等。

（3）掌握字符和段落边框和底纹的设置方法。

2. 实验任务

【实验 3-2】编辑"序.docx"文档，效果如图 3-3 所示。

要求：全文的文本加粗；标题设置为隶书、三号、底纹是黄色；作者的底纹设置为绿色；标题和作者水平居中显示；正文的文字首行缩进两个汉字，段前设置为 0.5 行，段后设置为 0.5 行；设置正文的奇数段文本颜色为绿色，设置正文的偶数段文本颜色为橙色。

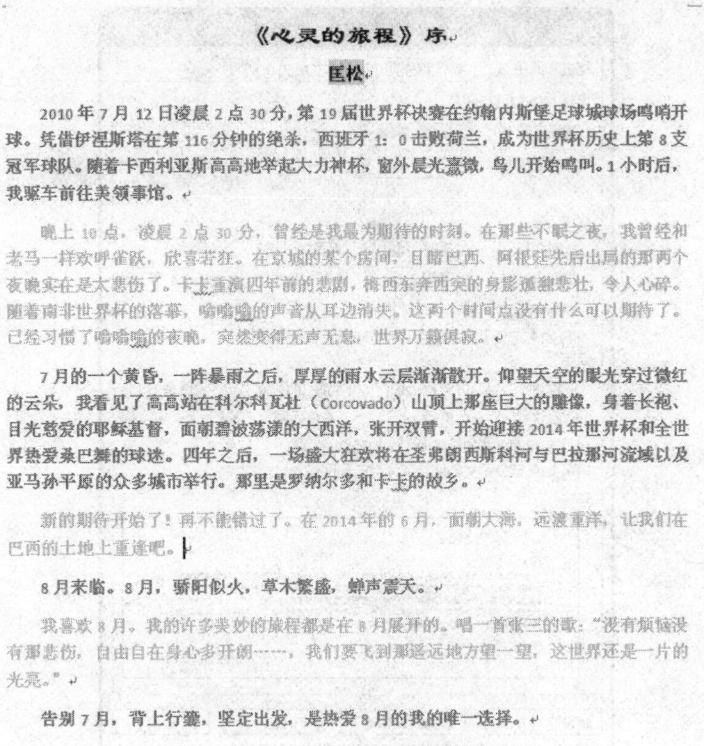

《心灵的旅程》序

匡松

2010年7月12日凌晨2点30分，第19届世界杯决赛在约翰内斯堡足球城球场鸣哨开球。凭借伊涅斯塔在第116分钟的绝杀，西班牙1：0击败荷兰，成为世界杯历史上第8支冠军球队。随着卡西利亚斯高高地举起大力神杯，窗外晨光熹微，鸟儿开始鸣叫。1小时后，我驱车前往美领事馆。

晚上10点，凌晨2点30分，曾经是我最为期待的时刻。在那些不眠之夜，我曾经和老马一样欢呼雀跃，欣喜若狂。在京城的某个房间，目睹巴西、阿根廷先后出局的那两个夜晚实在是太悲伤了。卡卡重演四年前的悲剧，梅西东奔西突的身影渐渐悲壮，令人心碎。随着南非世界杯的落幕，嘀嘀嘀的声音从耳边消失，这两个时间点没有什么可以期待了。已经习惯了嘀嘀嘀的夜晚，突然变得无声无息，世界万籁俱寂。

7月的一个黄昏，一阵暴雨之后，厚厚的雨水云层渐渐散开。仰望天空的眼光穿过微红的云朵，我看见了高高站在科尔科瓦杜（Corcovado）山顶上那座巨大的雕像，身着长袍、目光慈爱的耶稣基督，面朝着波荡荡的大西洋，张开双臂，开始迎接2014年世界杯和全世界热爱桑巴舞的球迷。四年之后，一场盛大狂欢将在圣弗朗西斯科河与巴拉那河流域以及亚马孙平原的众多城市举行。那里是罗纳尔多和卡卡的故乡。

新的期待开始了！再不能错过了。在2014年的6月，面朝大海，远渡重洋，让我们在巴西的土地上重逢吧。

8月来临。8月，骄阳似火，草木繁盛，蝉声震天。

我喜欢8月，我的许多美妙的旅程都是在8月展开的。唱一首张三的歌："没有烦恼没有那悲伤，自由自在身心多开朗……，我们要飞到那遥远远地方望一望，这世界还是一片的光亮。"

告别7月，背上行囊，坚定出发，是热爱8月的我的唯一选择。

图3-3　序.docx的编辑效果

3. 操作方法

（1）打开"序.docx"文档，按组合键"Ctrl+A"，选中全部文本。选择"开始"主选项卡的"字体"功能区，单击加粗按钮 **B** 。

（2）选中文档的第一段"标题"文字，在"开始"主选项卡的"字体"功能区，选择字体为隶书 ▼ ，选择字号为三号 ▼ ，设置底纹为黄色 ▼ 。选中文档的第二段"作者"文字，设置底纹为绿色 ▼ 。

（3）鼠标选中第一段和第二段，在"开始"主选项卡的"段落"功能区，设置段落为居中显示 ▤ 。

（4）选中正文的所有文本，鼠标拖动水平标尺上的"首行缩进"按钮 ▽ ，将首行文字缩进两个汉字。

（5）选中正文的文字，在"开始"主选项卡的"段落"功能区，单击"打开对话框"按钮，打开"段落"对话框，设置段前为0.5倍行距，段后为0.5倍行距，如图3-4所示。

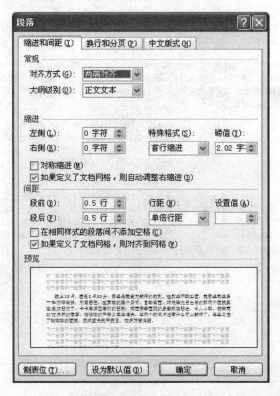

图 3-4　段落对话框

（6）选择正文的第 3 段文本，设置文字颜色为绿色![A]，选择第 3 段的部分文字，在"开始"主选项卡的"剪贴板"功能区，单击"格式刷"按钮![格式刷]，鼠标变成格式刷，鼠标再选中第 5 段的全部文本，则第 5 段的文本和第 3 段的文本格式完全相同。按相同的方法，设置第 7 段和第 9 段的文本格式。

（7）选择正文的第 4 段文本，设置文字颜色为绿色![A]，选择第 4 段的部分文字，在"开始"主选项卡的"剪贴板"功能区，单击"格式刷"按钮![格式刷]，鼠标变成格式刷，选中第 6 段的全部文本，则第 6 段的文本和第 4 段的文本格式完全相同。按相同的方法，设置第 8 段的文本格式。

3.2.3　实验任务 3：插入表格和修饰表格

1. 实验目的

（1）掌握表格的插入，合并和拆分单元格。

（2）掌握表格单元格格式的设置：设置单元格边框和底纹。

（3）掌握在表格单元格中进行简单的公式计算方法。

2. 实验任务

【实验 3-3】创建如图 3-5 所示的表格，要求合计的数值由公式自动计算得到结果；表格的第一行底纹为蓝色，最后一行底纹为绿色，其余行底纹为浅黄色。

金融二班 班费支出报表

序号	日期	用途	金额（单位：元）
1	2011.08.1	英语背诵打印复印	9.00
2	2011.08.3	英语背诵打印复印	6.50
3	2011.08.4	英语测试卷打印复印	8.00
4	2011.08.4	英语测试卷打印复印	40.00
5	2011.08.8	购买体育器材	60.20
6	2008.08.8	购买体育器材	89.80
7	2011.08.8	制作团日活动宣传海报	27.00
8	2011.08.9	购买白醋用于寝室消毒	5.00
9	2011.08.12	购买数学参考书路费	30.00
合计			275.5

图 3-5　表格制作效果

3. 操作方法

（1）新建文档，在文档的第一行输入标题"金融二班 班费支出报表"。

（2）选择"插入"主选项卡的"表格"功能区，单击"表格"的下拉按钮，在下拉菜单中选择"插入表格"命令，打开"插入表格"对话框，如图 3-6 所示。

图 3-6　"插入表格"对话框

（3）在"插入表格"对话框中，输入"列数"为 4，行数为 11，生成的表格如图 3-7 所示。

图 3-7　表格制作效果

（4）将光标定位到表格的列线，鼠标变成左右箭头形状，拖动鼠标，可以调整表格的列宽。

（5）选中表格中最后一行的前三列，右键单击快捷菜单中的"合并单元格"选项（如图 3-8 所示），合并单元格。

（6）在表格中输入文字。按下 Ctrl 键的同时，选中第一行和最后一行，设置表格中的文本"水平居中"显示。

图 3-8 "表格"快捷键 　　　　　　图 3-9 "数据"组

（7）光标定位到最后一行最后一列的单元格，选择"表格工具"的"布局"选项卡，单击"数据"功能区的"公式"按钮（如图 3-9 所示），打开"公式"对话框。

（8）在"公式"对话框中，在"公式"文本框中，系统自动输入"sum（above）"公式（如图 3-10 所示），该公式的含义是对该单元格所在列上的所有数值求和。单击"确定"按钮，系统自动计算合计。

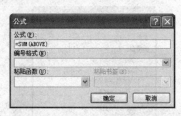

图 3-10 "公式"对话框

（9）选中表格的第一行，单击"表格工具"的"设计"选项卡，在"表格样式"功能区，单击"底纹"的下拉按钮，在"底纹"中选择"蓝色"作为单元格的底纹，如图 3-11 所示。按照同样的方法，设置最后一行的底纹以及其余各行的底纹。

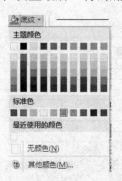

图 3-11 "底纹"设置

3.2.4 实验任务 4：插入图片和剪贴画

1. 实验目的

（1）掌握图片的插入，设置图片的大小和图片的版式。

（2）掌握剪贴画的插入，设置剪贴画的大小和剪贴画的环绕。

2. 实验任务

【实验 3-4】 编辑 "序.docx" 文档,效果如图 3-12 所示。要求插入一幅名为 "山水" 的剪贴画,设置图片环绕为 "浮于文字上方环绕",调整剪贴画的大小和将剪贴画放置在文档中合适的位置。在文档的末尾插入一幅名为 "风景" 的图片,设置图片为 "水平居中"。

图 3-12 插入图片后文档的效果

3. 操作方法

(1) 将光标定位在要插入图片的位置。

(2) 选择 "插入" 主选项卡的 "插图" 功能区,单击 "剪贴画" 按钮,出现 "剪贴画" 任务窗格,如图 3-13 所示。

图 3-13 "剪贴画" 的任务窗格

（3）在"剪贴画"任务窗格的"搜索"框中，键入描述所需剪贴画的单词或词组，例如"山水"，如图 3-13 所示。

（4）单击"搜索"按钮，在"结果"框中，单击"阳光山水太阳镜"剪贴画，则剪贴画插入文件中。

（5）选中图片，鼠标拖动图片对角线上的小圆，可以修改图片大小。

（6）右键单击图片，在弹出的菜单中，选择"大小和位置"命令，打开"布局"对话框，选择"文字环绕"选项卡，设置图片环绕方式为"浮于文字上方"（如图 3-14 所示），然后拖动图片到合适位置。

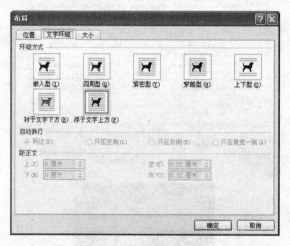

图 3-14 "布局"对话框

（7）光标定到文档的末尾，选择"插入"主选项卡的"插图"功能区，单击"图片"按钮，打开"插入图片"对话框，选择"风景"图片，如图 3-15 所示。

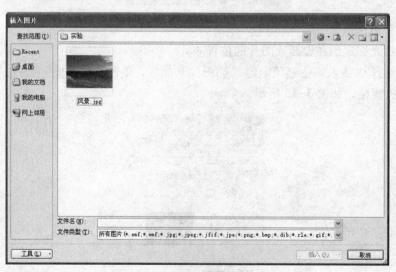

图 3-15 "插入图片"对话框

（8）设置图片为"水平居中"显示。

3.2.5　实验任务 5：绘图和插入艺术字

1. 实验目的

（1）掌握绘图工具，设置图形的格式（填充、轮廓）。

（2）掌握艺术字的插入方法。

2. 实验任务

【实验 3-5】制作一张个性化的贺卡，如图 3-16 所示。

图 3-16　贺卡效果

3. 操作方法

（1）选择"插入"主选项卡的"插图"功能区，单击"形状"的下拉按钮，在"基本形状"中，选择"文本框"。

（2）在"绘图工具"上，设置文本框的"形状填充"为"浅黄色"，设置"形状轮廓"为"无轮廓"，如图 3-17 所示。

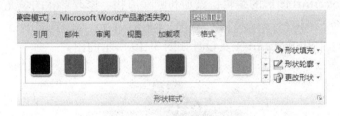

图 3-17　"绘图工具"选项

（3）选择"插入"主选项卡的"文本"功能区，单击"艺术字"按钮，选择"艺术字样式 13"，在"编辑艺术字文字"对话框中输入文本"Happy New Year!"，设置"字体"为"FreeStyle"，字形为"加粗"，如图 3-18 所示。设置艺术字的环绕为"浮于文字上方"，调整艺术字到合适的位置。

图 3-18 "编辑艺术字文字"对话框

（4）插入签名为"liming"的艺术字，将该艺术字放置在卡片的左下角。

（5）选择"插入"主选项卡的"插图"功能区，单击"形状"的下拉箭头，在"基本形状"中，选择"心形"。设置心形的"形状样式"为"水平渐变"，将心形的布局设置为"浮于文字上方"，调整心形到合适的位置。

（6）插入剪贴画。单击选中文本框，插入一幅名为"蔓藤缠绕的边框"的剪贴画，则该剪贴画插入在文本框中。

（7）调整刚才插入的艺术字和心形到合适的位置即可。

3.2.6 实验任务6：插入和编辑 SmartArt 图形

1. 实验目的

（1）掌握 SmartArt 图形的插入方法。

（2）掌握 SmartArt 图形的编辑：添加和删除形状、修改形状的填充、轮廓。

2. 实验任务

【实验 3-6】利用 SmartArt 工具设计如图 3-19 所示的图片。

图 3-19 SmartArt 图形的效果

3. 操作方法

（1）选择"插入"主选项卡的"插图"功能区，单击"SmartArt"按钮，打开"选择 SmartArt 图形"对话框，如图 3-20 所示。选择"图片"，单击"六边形群集"

图形,单击"确定"按钮;插入六边形群集。默认的图片中有三个图片框和三个文本框。

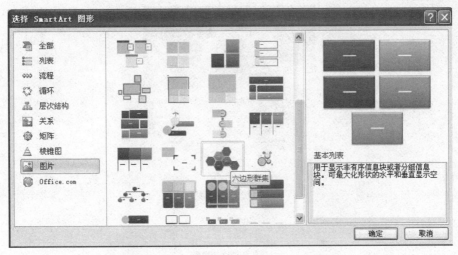

图 3-20 "选择 SmartArt 图形"对话框

(2)添加一个图片框和文本框。右键单击图片中的一个形状,选择"添加形状"(如图 3-21 所示),再选择"在后面添加形状"。

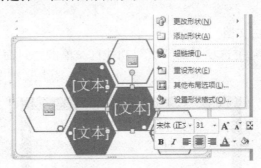

图 3-21 "添加形状"快捷菜单

(3)单击图片上的图片框 ⌖,在"插入图片"对话框中选择图片文件,插入到图片框中。采用同样的方法在其余三个图片框中插入图片。

(4)在四个文本框中依次输入图片的描述文字。

3.2.7 实验任务 7:插入和编辑封面

1. 实验目的

(1)掌握封面的插入方法。

(2)掌握封面的编辑:修改图片、修改填充。

2. 实验任务

【实验 3-7】制作如图 3-22 所示的毕业留念册的封面。

图 3-22 "毕业留念纪念册"封面效果

3. 操作方法

（1）新建一个空白文档。

（2）选择"插入"主选项卡的"页"功能区，单击"封面"按钮，选择"飞跃型"，如图 3-23 所示。

图 3-23 "飞跃型"封面效果

（3）选择文档边缘的紫色边框，修改填充为浅绿色，修改"键入公司名称"表格的填充为浅绿色，修改"键入文档标题"文本框的填充为浅绿色。

（4）右键单击"汽车"图片，选择"更改图片"，在"插入图片"对话框中选择所需要的图片，设置图片的布局为"浮于文字上方"，拖动图片到合适的位置。拖动"键入公司名称"和"键入文档标题"两个文本框到合适的位置。

（5）在"选取日期"中选择一个日期。

（6）在"键入副标题"中键入相关的文本信息。

3.2.8 实验任务8：页面布局（页面设置和页面背景）

1. 实验目的

（1）掌握页面水印的设置方法。

（2）掌握页面边框的设置方法。

2. 实验任务

【实验3-8】将"序.docx"编辑成如图3-24所示的效果。要求：设置文字水印为"静心山水"，颜色为蓝色；设置文档的边框为艺术型；在页面的右边距处设置图片水印。

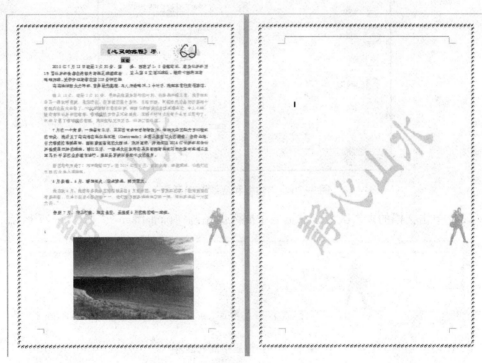

图3-24 文档的页面布局设置效果

3. 操作方法

（1）选择"页面布局"选项卡的"页面背景"功能区，单击"水印"按钮，选择"自定义水印"项，在"水印"对话框中，选择"文字水印"，在"文字"中输入"静心山水"，设置颜色为"蓝色"（如图3-25所示），单击"确定"按钮。

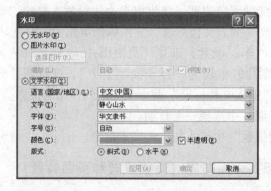

图3-25　"水印"对话框

（2）选择"页面布局"选项卡的"页面背景"功能区，单击"页面边框"按钮，打开"边框和底纹"对话框，选择"页面边框"选项卡，选择"艺术型"中的一种边框，如图3-26所示。

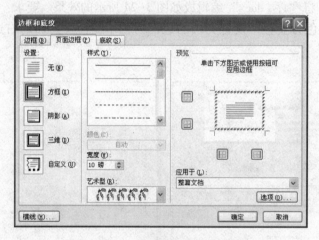

图3-26　"边框和底纹"对话框

（3）单击文档的页眉区域，在页眉中插入剪贴画"camerman"，如图3-27所示。

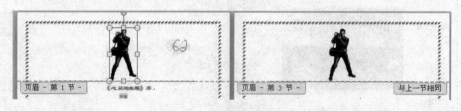

图3-27　在页眉中插入图片

（4）设置剪贴画的环绕为"浮于文字上方"，选择"图片工具"的"格式"选项卡，在"调整"功能区，设置图片的颜色为"蓝色"，如图3-28所示。

图3-28　图片的颜色设置选项

（5）将图片拖放到右边页边距中合适的位置，如图 3-29 所示。

图 3-29　拖动页眉上的图片到正文中

3.2.9　实验任务 9：插入页眉和页脚

1. 实验目的

（1）掌握页眉和页脚的插入，设置奇偶不同页，插入页码。

（2）掌握分节的页眉页脚的插入方法。

2. 实验任务

【实验 3-9】为"毕业论文.docx"文档设置页眉页脚。

要求全文结构为：1 至 3 页是"第一章　绪论"；4 至 7 页是"第二章　系统设计使用技术介绍"；8 至 11 页是"第三章　系统设计要求"；奇偶不同页。全文奇数页的页眉为"一个网上图书馆管理系统的设计和实现"；奇数页的页脚是页码，左对齐；全文偶数页的页眉是该章的章标题；偶数页的页脚是页码，右对齐。

3. 操作方法

（1）打开"毕业论文.docx"文档，双击文档的页眉区域，在"页眉页脚工具"选项卡中，在"选项"组中，选中"奇偶页不同"。

（2）设置奇数页页眉，在第一页的页眉（奇数页）中，输入"一个网上图书馆管理系统的设计和实现"。

（3）设置奇数页页脚。光标定位到第一页，在"页眉和页脚"工具栏上单击"页码"，在"页面底端"中选择"普通数字 1"，设置页码为"左对齐"。

（4）插入分节符。光标定位在第 3 页的末尾（第一章的末尾），选择"页面布局"选项卡中的"分隔符"，选择"分节符"中的"连续"。光标定位在第 7 页的末尾（第二章的末尾），选择"插入"选项卡中的"分隔符"，选择"分节符"中的"连续"。这样，文档中 1 至 3 页为第 1 节，4 至 7 页为第 2 节，8 至 11 页为第 3 节。

（5）输入第 1 节的偶数页页眉。鼠标双击在第 2 页的页眉区域，进入"页眉页脚视图"，在"页眉"编辑框框中输入"第一章　绪论"。

（6）输入第 2 节的偶数页页眉。光标定位在第 4 页，在"页眉和页脚"工具栏上，单击"链接到前一条页眉"按钮，如图 3-30 所示。取消同前一节相同的页眉设置，输入第 2 节的页眉"第二章　系统设计使用技术介绍"。

图3-30 页眉页脚工具

（7）输入第3节偶数页的页眉。光标定位在第8页，在"页眉和页脚"工具栏上，单击"链接到前一条页眉"按钮，取消同前一节相同的页眉设置，输入第3节的页眉"第三章　系统设计要求"。

（8）设置偶数页的页脚。光标定位到第2页的页脚，在"页眉和页脚"工具栏上单击"页码"，单击"设置页码格式"，在"页码格式"对话框中选择"续前节"（如图3-31所示），然后单击"确定"按钮。

图3-31 "页码格式"对话框

（9）设置偶数页的页脚。光标定位到第2页，在"页眉和页脚"工具栏上单击"页码"，在"页面底端"中选择"普通数字3"。

3.2.10　实验任务10：邮件合并

1. 实验目的

（1）掌握邮件合并的基本方法和步骤。

（2）掌握中文信封的制作方法。

2. 实验任务

【**实验3-10**】在"实验10数据.txt"文本中存放的是学生的姓名、收件地址和邮政编码，如图3-32所示。现在根据该数据制作寄送学生成绩单的信封，寄信人是"教务处"，寄信人地址是"成都市温江区柳台大道555号"，寄信人单位是"西南财经大学"，邮编是"611130"，制作的信封如图3-33所示。

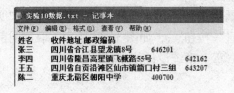

图3-32 实验10数据.txt

图 3-33 "邮件合并"效果

3. 操作方法

（1）新建文档。

（2）选择"邮件"主选项卡的"创建"功能区，单击"中文信封"按钮，打开"信封制作向导"对话框，如图 3-34 所示。

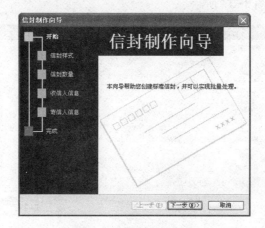

图 3-34 信封制作向导

（3）单击"下一步"按钮，出现"选择信封样式"对话框，如图 3-35 所示。

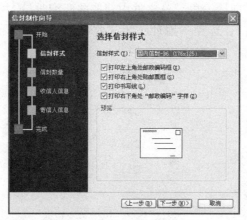

图 3-35 选择信封样式

（4）单击"下一步"按钮，出现"选择生成信封的方式和数量"对话框，选中"基于地址文件"项，如图 3-36 所示。

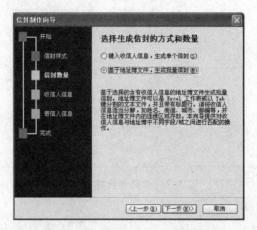

图 3-36　选择生成信封的方式和数量

（5）单击"下一步"按钮，出现"打开"对话框，选择"实验 10 数据 .txt"，单击"确定"按钮，如图 3-37 所示。

图 3-37　"打开"对话框

（6）在"信封制作向导"的"从文件中获取并匹配收信人信息"对话框中，选择收件人的姓名为"姓名"，选择"地址"为"收件地址"，选择"邮编"为"邮政编码"，如图 3-38 所示。

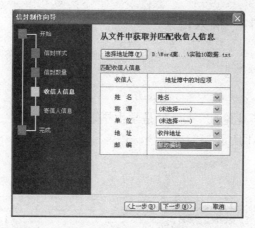

图 3-38　从文件中获取并匹配收信人信息

（7）单击"下一步"按钮，在"信封制作向导"的"输入寄信人信息"对话框中，输入寄信人的姓名、单位、地址和邮编，如图 3-39 所示。

图 3-39　输入寄信人信息

（8）单击"下一步"按钮，在"信封制作向导"对话框中，单击"完成"按钮，完成邮件合并，如图 3-40 所示。

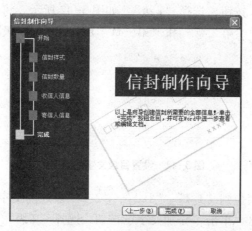

图 3-40　完成邮件合并

3.2.11 实验任务 11：插入目录

1. 实验目的

掌握目录的插入。

2. 实验任务

【实验 3-11】"毕业论文 .docx"是学生毕业论文的节选，在"毕业论文 .docx"中插入目录，如图 3-41 所示。

目录

第一章 绪论..1
1.1 选题的背景和意义..1
1.2 国内外研究现状及发展趋势...1
1.3 研究内容..2
1.4 研究的目标及主要特色...2
第二章 系统设计使用技术介绍...4
2.1 JSP（Java Server Pages）和 Servlet...4
2.1.1 JSP 概述...4
2.1.2 JSP 工作原理...4
2.1.3 Servlet 介绍..4
2.2 B/S 体系结构介绍..4
2.3 JavaScript 技术介绍..5
2.4 MySQL 数据库..5
2.4.1 数据库介绍...5
2.4.2 SQL 语句介绍...6
2.4.3 JDBC 数据访问接口..6
第三章 系统设计...8
3.1 需求分析...8
3.1.1 运行环境...8
3.2 系统总体设计..8
3.2.1 系统目标设计...8
3.2.2 系统设计思想...8
3.2.3 系统功能描述...9
3.2.4 系统概念设计图..10

图 3-41 毕业论文的目录

3. 操作方法

（1）将光标定位到"第一章"处的文字，选择"引用"主选项卡的"目录"功能区，单击"添加文字"按钮，选择"1级"，如图 3-42 所示。将该段设置为"标题 1"样式。同样方式，设置"第二章"和"第三章"的文字为"1级"。

图 3-42 设置目录文字的级别

（2）将光标依次定位到"1.1"、"1.2"、"2.1"等处的文字，选择"引用"主选项卡的"目录"功能区，单击"添加文字"按钮，选择"2级"，将这些段的格式设置为"标题 2"样式。

（3）将光标依次定位到"2.1.1"、"2.1.2"、"3.1.1"等处的文字，选择"引用"主选项卡的"目录"功能区，单击"添加文字"按钮，选择"3级"，将这些段的格式设置为"标题3"样式。

（4）选择"引用"主选项卡的"目录"功能区，单击"目录"按钮，选择"自动目录1"，自动产生文档的目录，如图3-41所示。

3.2.12 实验任务12：插入脚注和尾注

1. 实验目的

（1）掌握脚注的插入方法。

（2）掌握尾注的插入方法。

2. 实验任务

【实验3-12】 为"毕业论文.docx"添加脚注如图3-43所示，添加尾注如图3-44所示。

的体系结构也发生很大的变化，从以往基于 C/S 结构的数据访问及安全体系发展到当前的基于 B/S 结构体系。图书馆管理系统是典型的管理信息系统（MIS），

1 C/S结构：客户服务器结构
2 B/S结构：浏览器/服务器结构

图3-43 "脚注"的正文和"脚注"文字

管理信息系统（Management Information System—MIS），是一个以人为主导，利用计算机硬件、软件及其他办公设备进行信息的收集、传递、存贮、加工、维护和使用的系统。它是随着管理科学和技术科学的发展而形成的。MIS的发展

i 陈思，《管理信息系统》，2009年4月，西南大学出版社。

图3-44 "尾注"的正文和"尾注"文字

3. 操作方法

（1）插入脚注。将光标定位"C/S结构"，选择"引用"主选项卡的"脚注"功能区，单击"插入脚注"按钮，在页脚处出现脚注标号"1"，输入脚注文字即可。按照同样的方法，依次输入其他脚注。

（2）插入尾注。将光标定位"使用的系统"，选择"引用"主选项卡的"脚注"功能区，单击"插入尾注"按钮，在文档末尾处出现尾注标号"1"，输入尾注文字即可。

第 4 章 Excel 2010 高级应用实验

4.1 知识要点

1. Excel 2010 的基础知识。
2. 工作簿和工作表的基本操作。
3. 工作表数据的输入、编辑和修改。
4. 单元格格式化操作与数据格式的设置。
5. 单元格的引用、公式和函数的使用。
6. 图表的创建、编辑与修饰。
7. 数据的排序、筛选、分类汇总、分组显示和合并计算。
8. 数据透视表和数据透视图的使用。
9. 数据模拟分析、运算及应用。
10. 宏功能的简单使用。
11. 获取外部数据并分析处理。

4.2 实验内容

1. 工作簿、工作表与单元格基础操作。
2. 公式和函数应用之一。
3. 公式和函数应用之二。
4. 数据分析——筛选。
5. 数据分析——分类汇总和数据透视表。
6. 其他常用数据分析工具应用之一。
7. 其他常用数据分析工具应用之二。
8. 图表综合应用。

4.2.1 实验任务 1：工作簿、工作表与单元格基础操作

1. 实验目的
（1）掌握工作簿和工作表的简单操作方法。
（2）掌握单元格的基本操作方法。

（3）掌握条件格式的设置方法。

（4）利用查找和替换功能对数据内容进行修改。

（5）掌握工作表页面设置的方法。

（6）掌握保存工作簿的方法。

2. 实验任务

【实验 4-1】制作如图 4-1 所示的"职工每季度考核成绩表"。

	A	B	C	D	E	F	G
1	职工每季度考核成绩表						
2	员工编号	部门	姓名	一季度	二季度	三季度	四季度
3	30621001	技术部	李力	81	81	96	85
4	30621002	销售部	刘英	83	88	97	91
5	30621003	人事部	吴梅	90	95	96	99
6	30601523	人事部	杨成林	89	96	83	81
7	30601524	财务部	孙少民	86	85	93	87
8	30601525	人事部	林勇	90	94	90	90
9	30610101	技术部	王小兵	90	93	84	83
10	30610102	人事部	张志宏	95	90	90	98
11	30610103	财务部	黄高原	83	87	88	83
12	30501010	人事部	钟丽珍	92	93	98	97
13	30501011	技术部	李晓东	99	86	80	82
14	30501012	销售部	张新民	98	81	99	82
15	30501013	技术部	毛志远	98	87	85	90
16	30551011	人事部	马鸿涛	96	94	99	92
17	30551012	人事部	许婷	92	89	89	97
18	30551013	技术部	李启勋	88	86	86	98
19	30551014	技术部	曲艳丽	94	82	99	81

图 4-1 "职工每季度考核成绩表"效果图

3. 实验说明

（1）打开"案例 1"工作簿，将"Sheet1"工作表名称修改为"职工考核表"。

（2）在"职工考核表"工作表中标题行上方插入新的一行，合并 A1：G1 单元格区域并输入"职工每季度考核成绩表"数据内容。

（3）为"职工考核表"工作表第二行数据添加"白色，背景，1，深度 50%"底纹。

（4）为"职工考核表"工作表 A1：G19 数据区域添加内、外边框。

（5）为"职工考核表"工作表中 D3：G19 数据区域设置大于 95 的数据为浅红填充色深红色文本格式。

（6）将"职工考核表"工作表中所有"市场部"数据内容替换为"销售部"数据内容。

（7）设置"职工考核表"工作表所有字体格式为"华文楷体"，字号大小为"12"，工作表"列宽"数值为"13"。

（8）设置上下边距和左右边距为"1.5"和"1"，"居中方式"为"水平"。

（9）将"案例 1"工作簿保存为"Excel 97-2003 工作簿"格式。

4. 操作方法

（1）双击打开"案例 1"工作簿，将"Sheet1"工作表名称修改为"职工考核表"，如图 4-2 所示。

图4-2　修改工作表名称

（2）右键单击行标签号"1"，选中第一行数据，在弹出的菜单中，选择"插入"命令，插入新的空白列。

（3）选中A1：G1单元格区域，选择"开始"主选项卡的"对齐方式"功能区，单击"合并后居中"的下拉箭头，在下拉菜单中选择"合并后居中"命令，将A1：G1单元格区域合并为A1一个单元格。在A1单元格中输入"职工每季度考核成绩表"数据内容，如图4-3所示。

	A	B	C	D	E	F	G
1	职工每季度考核成绩表						
2	员工编号	部门	姓名	一季度	二季度	三季度	四季度
3	30621001	技术部	李力	81	81	96	85
4	30621002	市场部	刘英	83	88	97	91
5	30621003	人事部	吴梅	90	95	96	99
6	30601523	人事部	杨成林	89	96	83	81
7	30601524	财务部	孙少民	86	85	93	87
8	30601525	人事部	林勇	90	94	90	90
9	30610101	技术部	王小兵	90	93	84	83
10	30610102	人事部	张志宏	95	90	90	98
11	30610103	财务部	黄高原	83	87	88	83
12	30501010	人事部	钟丽珍	92	93	98	97
13	30501011	技术部	李晓东	99	86	80	82

图4-3　合并单元格输入标题

（4）单击行标签号"2"选中第二行数据区域，选择"开始"主选项卡的"字体"功能区，单击"填充颜色"按钮、选择"白色，背景，1，深度50%"颜色填充选项，如图4-4所示。

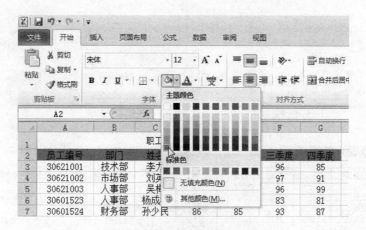

图4-4 添加颜色底纹快捷按钮

（5）右键单击 A1：G19 数据区域，在弹出的菜单中选择"设置单元格格式"命令，打开"设置单元格格式"对话框。

（6）在"设置单元格格式"对话框中，选择"边框"选项，在"线条"列表框中选择一个线条样式后，单击"外边框"和"内部"边框位置，如图 4-5 所示。设置边框样式和边框位置后，单击"确定"按钮，完成边框设置。

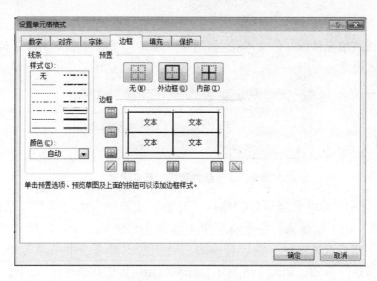

图4-5 边框设置

（7）选中 D3：G19 数据区域，选择"开始"主选项卡的"样式"功能区，单击"条件样式"的下拉箭头，在下拉菜单中，选择"突出显示单元格规则"菜单中的"大于"命令，如图 4-6 所示。

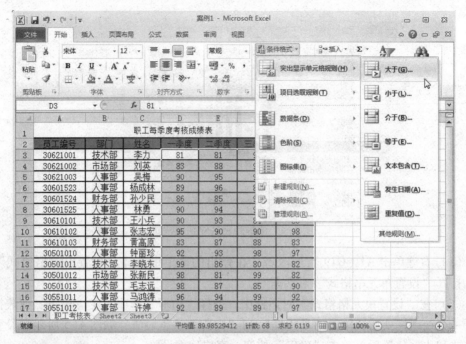

图4-6 "条件格式"菜单

（8）选择"大于"命令，打开"大于"对话框，选择条件值"95"，满足条件格式设置为"浅红填充色深红色文本"，如图4-7所示。设置完成，单击"确定"按钮，完成条件格式设置。

图4-7 "条件格式"格式设置

（9）选中A1：G19数据区域，选择"开始"主选项卡的"编辑"功能区，单击"查找和选择"的下拉箭头，在下拉菜单中选择"替换"命令，打开"查找和替换"对话框，分别在"查找内容"和"替换为"选项框中输入"市场部"和"销售部"，单击"全部替换"按钮，如图4-8所示，完成数据内容的替换操作。

图4-8 "查找和替换"对话框

（10）选中A1：G19数据区域，选择"开始"主选项卡的"字体"功能区，设置字体格式为"华文楷体"，字号大小为"12"，如图4-9所示。

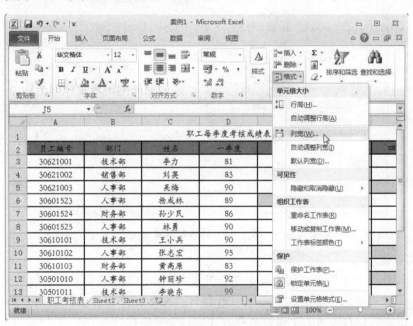

图 4-9　设置数据区域单元格字体格式

（11）选中 A1：G19 数据区域，选择"开始"主选项卡的"单元格"功能区，单击"格式"的下拉箭头，在下拉菜单中选择"列宽"命令，打开"列宽"对话框，设置列宽数值为"13"，如图 4-10 所示。

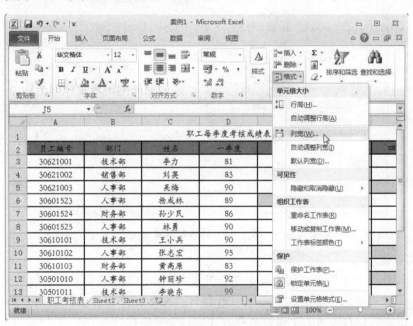

图 4-10　设置数据区域单元格列宽

（12）选中 A1：G19 数据区域，选择"页面布局"主选项卡的"页面设置"功能区，单击"页边距"的下拉箭头，在下拉列表中选择"自定义边距"命令，打开"页面设置"对话框，分别设置上下边距和左右边距为"1.5"和"1"，勾选"居中方式"为"水平"，如图 4-11 所示。

图 4-11　页边距设置

（13）当工作表所有操作完成，选择"文件"主选项卡的"另存为"命令，打开"另存为"对话框，输入工作表保存的名字为"案例 1"，保存类型为"Excel 97-2003工作簿"，如图 4-12 所示。单击"保存"按钮，完成工作簿保存操作。

图 4-12　页边距设置

5. 要点提示

（1）新建一个工作簿，默认包含三个工作表，每个工作表都是由无数单元格组成。

（2）工作表操作包含插入、删除、重命名、移动和复制、保护工作表操作，可以通过菜单功能区和右键单击工作表两种方式进行完成操作。

（3）工作表中行、列、单元格基本操作也可以通过菜单功能区和右键菜单两种方式进行完成，对工作表数据区域添加底纹、边框、页面设置都是 Excel 2010 最基础的操作。

4.2.2 实验任务2：公式和函数应用一

1. 实验目的

（1）掌握单元格地址的引用方法。

（2）掌握常用统计函数、查找引用函数、日期函数、数学函数、逻辑函数的综合应用。

（3）掌握数组函数的应用。

（4）掌握名称函数的应用。

2. 实验任务

【实验4-2】通过函数完成如图4-13所示的"函数应用"工作表。

	A	B	C	D	E	F	G	H	I	J	K	L	M
1	某企业员工考核成绩表											成绩查询	
2	员工编号	部门	姓名	一季度	二季度	三季度	四季度	特殊	总成绩	排名		员工编号	30601525
3	30621001	技术部	李力	81	81	96	85	10	353	4		总成绩	364
4	30621002	市场部	刘英	83	88	97	91	20	379	13			
5	30621003	人事部	吴梅	90	95	96	99	0	380	14		综合统计表	
6	30601523	人事部	杨成林	89	96	83	81	0	349	2		员工总人数	17
7	30601524	财务部	孙少民	86	85	93	87	0	351	3		总成绩高于375分的人数个数	5
8	30601525	人事部	林勇	90	94	90	90	0	364	7		技术部所有员工总成绩之和	2174
9	30610101	技术部	王小兵	90	93	84	83	10	360	6		总成绩前5名员工的平均成绩	380
10	30610102	人事部	张志宏	95	90	90	98	0	373	12			
11	30610103	财务部	黄高原	83	87	88	83	0	341	1			
12	30501010	人事部	钟丽珍	92	93	98	97	0	380	14			
13	30501011	技术部	李晓东	99	86	80	82	10	357	5			
14	30501012	市场部	张新民	98	81	99	82	20	380	14			
15	30501013	技术部	毛志远	98	87	85	90	10	370	11			
16	30551011	人事部	马鸿涛	96	94	99	92	0	381	17			
17	30551012	人事部	许婷	92	89	89	97	0	367	9			
18	30551013	技术部	李启勤	88	86	86	98	10	368	10			
19	30551014	技术部	曲艳丽	94	82	99	81	10	366	8			

图4-13 "函数应用"完成效果图

3. 实验说明

（1）打开"案例1"工作簿，利用函数完成"函数应用"工作表。

（2）在"特殊"一列中利用函数完成数据输入（"技术部"员工给予10分加分，"市场部"员工给予20分加分，其余不加分）。

（3）利用函数完成"总成绩"计算（总成绩等于四个季度成绩加上特殊成绩）。

（4）在"排名"一列中根据"总成绩"从低到高进行排名（最低分排第一位）。

（5）在"成绩查询"表中，根据"员工编号"查询并返回其对应的"总成绩"。

（6）利用函数完成"综合统计表"，引用区域需要先根据"标题行"定义名称。

4. 操作方法

（1）打开"函数应用"工作表，在H3单元格中输入"=IF(B3="市场部",20,IF(B3="技术部",10,0))"，向下填充函数完成在"特殊"一列中输入数据（"技术部"员工10分加分，"市场部"员工20分加分，其余不加分），如图4-14所示。

形式栏: H3 | =IF(B3="市场部",20,IF(B3="技术部",10,0))

	A	B	C	D	E	F	G	H
1	某企业员工考核成绩表							
2	员工编号	部门	姓名	一季度	二季度	三季度	四季度	特殊
3	30621001	技术部	李力	81	81	96	85	10
4	30621002	市场部	刘英	83	88	97	91	20
5	30621003	人事部	吴梅	90	95	96	99	0
6	30601523	人事部	杨成林	89	96	83	81	0
7	30601524	财务部	孙少民	86	85	93	87	0
8	30601525	人事部	林勇	90	94	90	90	0
9	30610101	技术部	王小兵	90	93	84	83	10
10	30610102	人事部	张志宏	95	90	90	98	0

图 4-14　IF 逻辑函数完成分条件输入数据

（2）在 I3 单元格中输入"=SUM(D3：H3)"，向下填充函数完成"总成绩"一列计算，如图 4-15 所示。

形式栏: I3 | =SUM(D3:H3)

	A	B	C	D	E	F	G	H	I
1	某企业员工考核成绩表								
2	员工编号	部门	姓名	一季度	二季度	三季度	四季度	特殊	总成绩
3	30621001	技术部	李力	81	81	96	85	10	353
4	30621002	市场部	刘英	83	88	97	91	20	379
5	30621003	人事部	吴梅	90	95	96	99	0	380
6	30601523	人事部	杨成林	89	96	83	81	0	349
7	30601524	财务部	孙少民	86	85	93	87	0	351
8	30601525	人事部	林勇	90	94	90	90	0	364
9	30610101	技术部	王小兵	90	93	84	83	10	360
10	30610102	人事部	张志宏	95	90	90	98	0	373
11	30610103	财务部	黄高原	83	87	88	83	0	341

图 4-15　SUM 求和函数

（3）在 J3 单元格中输入"=RANK(I3,$I$3:$I$19,1)"，向下填充函数完成按"总成绩"由低到高进行排名，如图 4-16 所示。

形式栏: J3 | =RANK(I3,$I$3:$I$19,1)

	A	B	C	D	E	F	G	H	I	J
1	某企业员工考核成绩表									
2	员工编号	部门	姓名	一季度	二季度	三季度	四季度	特殊	总成绩	排名
3	30621001	技术部	李力	81	81	96	85	10	353	4
4	30621002	市场部	刘英	83	88	97	91	20	379	13
5	30621003	人事部	吴梅	90	95	96	99	0	380	14
6	30601523	人事部	杨成林	89	96	83	81	0	349	2
7	30601524	财务部	孙少民	86	85	93	87	0	351	3
8	30601525	人事部	林勇	90	94	90	90	0	364	7
9	30610101	技术部	王小兵	90	93	84	83	10	360	6
10	30610102	人事部	张志宏	95	90	90	98	0	373	12
11	30610103	财务部	黄高原	83	87	88	83	0	341	1
12	30501010	人事部	钟丽珍	92	93	98	97	0	380	14

图 4-16　RANK 排名函数

（4）在 M3 单元格中输入"=VLOOKUP(M2,A3：J19,9,FALSE)"完成根据"员工编号"查询并返回其对应的"总成绩"，如图 4-17 所示。

M3 ▼ fx =VLOOKUP(M2,A3:J19,9,FALSE)

	A	B	C	I	J	K	L	M
1	某企业员工考核成绩表						成绩查询	
2	员工编号	部门	姓名	总成绩	排名		员工编号	30601525
3	30621001	技术部	李力	353	4		总成绩	364
4	30621002	市场部	刘英	379	13			
5	30621003	人事部	吴梅	380	14		综合统计表	
6	30601523	人事部	杨成林	349	2		员工总人数	
7	30601524	财务部	孙少民	351	3		总成绩高于375分的人数个数	
8	30601525	人事部	林勇	364	7		技术部所有员工总成绩之和	
9	30610101	技术部	王小兵	360	6		总成绩前5名员工的平均成绩	
10	30610102	人事部	张志宏	373	12			

图 4-17　VLOOKUP 精确查找

（5）选中 A2：J19 数据区域，选择"公式"主选项卡的"定义的名称"功能区，单击"根据所选内容创建"按钮，打开"以选定区域创建名称"对话框，勾选"首行"复选框选项，完成按标题行名称对相应的数据区域定义名称操作，如图 4-18 所示。

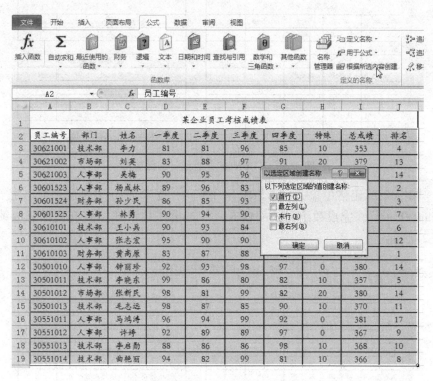

图 4-18　按"标题行"定义名称

（6）在 M6 单元格中输入"=COUNT（员工编号）"，统计出员工人数，如图 4-19 所示。

图 4-19　COUNT 函数统计员工人数

（7）在 M7 单元格中输入"=COUNTIF（总成绩,">375"）"，统计出"总成绩"超过 375 分的员工个数，如图 4-20 所示。

图 4-20　COUNTIF 条件统计函数应用

（8）在 M8 单元格中输入"=SUM（（部门="技术部"）＊总成绩）"，按组合键"Ctrl+Shift+Enter"，完成数组公式的输入，计算出"技术部"所有员工总成绩之和，如图 4-21 所示。

图 4-21　数组公式计算"技术部"员工总成绩之和

（9）在 M9 单元格中输入"=AVERAGE（LARGE（总成绩,{1,2,3,4,5}））"，按组合键"Ctrl+Shift+Enter"，完成数组公式的输入，计算出总成绩前 5 名员工的平均成绩，如图 4-22 所示。

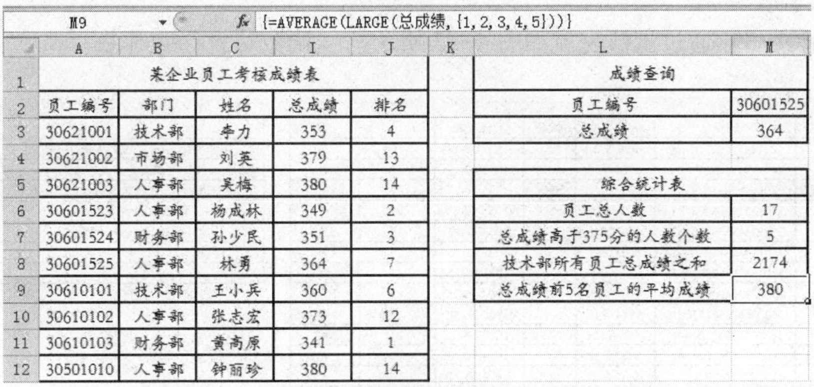

M9 fx {=AVERAGE(LARGE(总成绩,{1,2,3,4,5}))}

	A	B	C	I	J	K	L	M
1	某企业员工考核成绩表						成绩查询	
2	员工编号	部门	姓名	总成绩	排名		员工编号	30601525
3	30621001	技术部	李力	353	4		总成绩	364
4	30621002	市场部	刘英	379	13			
5	30621003	人事部	吴梅	380	14		综合统计表	
6	30601523	人事部	杨成林	349	2		员工总人数	17
7	30601524	财务部	孙少民	351	3		总成绩高于375分的人数个数	5
8	30601525	人事部	林勇	364	7		技术部所有员工总成绩之和	2174
9	30610101	技术部	王小兵	360	6		总成绩前5名员工的平均成绩	380
10	30610102	人事部	张志宏	373	12			
11	30610103	财务部	黄高原	341	1			
12	30501010	人事部	钟丽珍	380	14			

图 4-22　数组函数计算总成绩前 5 名员工的平均成绩

5. 要点提示

（1）SUM 函数（参数 1，参数 2…）的功能：返回所有参数的数值之和。

（2）RANK 函数（number,ref,[order]）的功能：对数据进行排名。参数 Number 是需要排名的数值或单元格；Ref 是排名的区域；[order] 是可选参数，默认为 0，可以省略，表示从高到低降序排名，1 表示从低到高升序排名。

（3）AVERAGE 函数（参数 1，参数 2…）的功能：返回所有参数的平均值。

（4）COUNT 函数（value1，value2…）的功能：返回所有参数中数值型数据的个数。

（5）COUNTIF 函数（range，criteria）的功能：返回统计区域满足条件的单元格个数。参数 range（判断区域）是需要统计的一个或多个单元格区域，其中包括数字或名称、数组或包含数字的引用。空值和文本值将被忽略。criteria（判断条件）是用于定义将对哪些单元格进行计数的数字、表达式、单元格引用或文本字符串。

（6）IF(logical_test，[value_if_true]，[value_if_false]) 函数功能：根据指定条件 logical_test，进行判断，如果条件为真（结果值为 TRUE），返回[value_if_true]；如果条件为假（结果值为 FALSE），返回[value_if_false]。

（7）VLOOKUP(lookup_value，table_array，col_index_num，[range_lookup]) 函数功能：搜索某个单元格区域的第一列，然后返回该区域相同行上根据第几列的序列号对应的值。

（8）LARGE（array，N）函数功能：返回数据区域 array 中第 N 大的数值。

4.2.3　实验任务 3：公式和函数应用二

1. 实验目的

（1）掌握 MID、TEXT 文本函数的应用。

（2）掌握 DATEDIF 日期函数的应用。

（3）掌握 IF 逻辑函、MOD 数学函数的应用。

（4）掌握 INDEX、MATCH 查找和引用函数的应用。

（5）掌握数组函数的应用。

2. 实验任务

【实验4-3】 通过函数完成如图4-23所示的"函数综合"工作表。

	A	B	C	D	E	F	G	H	I	J	K	L	M
1	部门	姓名	身份证	入职日期	工资	出生日期	入职时年龄	性别		综合统计			
2	财务	甲	420124197907167531	1998/9/10	8000	1979-07-16	19	男		计算工龄在5年以上的人数(包括5年)			20
3	财务	乙	310110194512176230	1964/1/3	5620	1945-12-17	18	男		计算工龄在10年以上员工工资总和(包括10年)			98720
4	财务	丙	310102196510234826	1983/11/27	5350	1965-10-23	18	女		计算工龄在5至10年间的员工工资总和			18370
5	工程	丁	310113195810287713	1979/4/20	5300	1958-10-28	20	男		找出工龄最长的员工			乙
6	工程	戊	372823196707165650	1987/6/5	5600	1967-07-16	19	男		找出工龄最短的员工			庚
7	工程	己	310104198112166014	2003/8/1	7500	1981-12-16	21	男		女员工工资最高的员工工资			5350
8	工程	庚	310104198304224813	2006/11/7	5620	1983-04-22	23	男		部门个数			4
9	工程	辛	310221196208316454	1984/3/9	5500	1962-08-31	21	男					
10	工程	壬	310221196601310810	1984/2/2	5200	1966-01-31	18	男					
11	工程	癸	310104198407024419	2006/2/21	5250	1984-07-02	21	男					
12	人事	子	310227197410280427	1992/9/2	6500	1974-10-28	17	女					
13	人事	丑	310227197203311227	1988/8/27	5620	1972-03-31	16	女					
14	人事	寅	310229197104181829	1990/10/21	5300	1971-04-18	19	女					
15	人事	卯	310229197708281249	1998/1/30	5650	1977-08-28	20	女					
16	人事	辰	310223196003232815	1983/5/5	5880	1960-03-23	23	男					
17	人事	巳	310230195708040273	1978/5/14	7850	1957-08-04	20	男					
18	保安	午	310230196812300674	1989/12/6	5350	1968-12-30	20	男					
19	保安	未	310230196512021091	1982/6/19	5200	1965-12-02	16	男					
20	保安	申	310230195907061093	1975/12/15	5500	1959-07-06	16	男					

图4-23 "函数综合"完成效果图

3. 实验说明

（1）打开"案例1"工作簿，利用函数完成"函数综合"工作表。

（2）在"出生日期"一列中通过 MID 函数从 C 列"身份证"一列中提取"出生日期"，并保存为"0000-00-00"的日期格式。

（3）根据 C 列"身份证"数据，判断出员工"性别"。

（4）根据 A1：H21 数据内容，利用函数完成"综合统计"表。

4. 操作方法

（1）打开"函数综合"工作表，在 F2 单元格中输入"=TEXT(MID(C2,7,8)，"0000-00-00")"，向下填充函数完成从 C 列"身份证"一列中提取"出生日期"至 F 列，并保存为日期格式操作，如图4-24所示。

			F2		▼	f_x =TEXT(MID(C2,7,8)，"0000-00-00")	
	A	B	C	D	E	F	
1	部门	姓名	身份证	入职日期	工资	出生日期	
2	财务	甲	420124197907167531	1998/9/10	8000	1979-07-16	
3	财务	乙	310110194512176230	1964/1/3	5620	1945-12-17	
4	财务	丙	310102196510234826	1983/11/27	5350	1965-10-23	
5	工程	丁	310113195810287713	1979/4/20	5300	1958-10-28	
6	工程	戊	372823196707165650	1987/6/5	5600	1967-07-16	
7	工程	己	310104198112166014	2003/8/1	7500	1981-12-16	
8	工程	庚	310104198304224813	2006/11/7	5620	1983-04-22	
9	工程	辛	310221196208316454	1984/3/9	5500	1962-08-31	
10	工程	壬	310221196601310810	1984/2/2	5200	1966-01-31	

图4-24 TEXT和MID文本函数嵌套使用提取满足日期格式的出生日期

（2）在 G2 单元格中输入"=DATEDIF(F2,D2,"y")"，向下填充函数计算出员工入职时的年龄，如图4-25所示。

大学 MS Office 高级应用实践教程

图 4-25　DATEDIF 计算入职时年龄

（3）在 H2 单元格中输入"= IF（MOD（MID（C2,17,1），2）= 1,"男","女"）"，向下填充函数完成根据"身份证"判断员工性别操作，如图 4-26 所示。

图 4-26　MID、MOD、IF 函数嵌套使用判别性别

（4）在 M2 单元格中输入"= SUM（（DATEDIF（D2：D21,TODAY（），"y"）>=5）*1）"，按组合键"Ctrl + Shift +Enter"，完成数组公式的输入，计算出工龄在 5 年以上（包含 5 年）的员工人数，如图 4-27 所示。

图 4-27　SUM、DATEDIF 嵌套在数组函数中计算员工人数

（5）在 M3 单元格中输入"= SUM（（DATEDIF（D2：D21,TODAY（），"y"）>= 10）*（E2：E21））"，按组合键"Ctrl + Shift +Enter"，完成数组公式的输入，计算出工龄在 10 年以上（包含 10 年）的员工工资总和，如图 4-28 所示。

图 4-28 SUM、DATEDIF 嵌套在数组函数中计算工资合计

(6) 在 M4 单元格中输入 "=SUM((DATEDIF(D2：D21,TODAY(),"y")>=5)*(DATEDIF(D2：D21,TODAY(),"y")<=10)*(E2：E21))",按组合键 "Ctrl+Shift+Enter",完成数组公式的输入,计算工龄在 5 至 10 年间的员工工资总和,如图 4-29 所示。

图 4-29 数组公式多条件运算

(7) 在 M5 单元格中输入 "=INDEX（B2：B21,MATCH（MIN（D2：D21）,D2：D21,0））",查找并返回工龄最长员工的姓名,如图 4-30 所示。

图 4-30 INDEX、MATCH、MIN 嵌套使用查找工龄最大的员工姓名

(8) 在 M6 单元格中输入 "=INDEX（B2：B21,MATCH（MAX（D2：D21）,D2：D21,0))",查找并返回工龄最短员工的姓名,如图 4-31 所示。

图 4-31 INDEX、MATCH、MAX 嵌套使用查找工龄最短的员工姓名

（9）在 M7 单元格中输入“=INDEX（E2：E21，MATCH(MIN(IF(H2：H21="女",D2：D21,TODAY())),D2：D21,0))”，按组合键“Ctrl+Shift+Enter”，完成数组公式的输入，计算女员工工龄最长的员工工资，如图 4-32 所示。

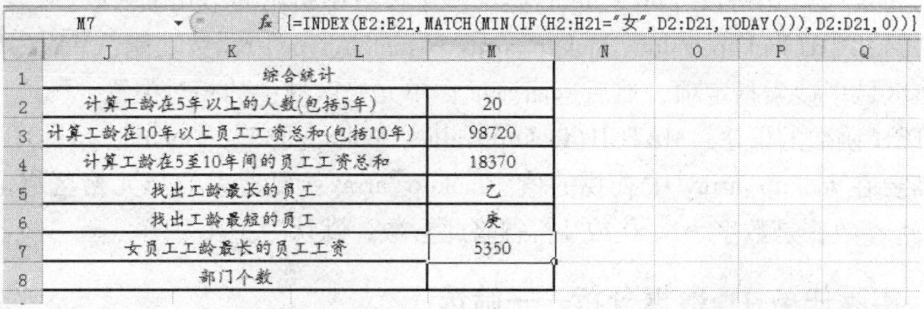
M7 fx {=INDEX(E2:E21,MATCH(MIN(IF(H2:H21="女",D2:D21,TODAY())),D2:D21,0))}

	J K L	M
1	综合统计	
2	计算工龄在5年以上的人数(包括5年)	20
3	计算工龄在10年以上员工工资总和(包括10年)	98720
4	计算工龄在5至10年间的员工工资总和	18370
5	找出工龄最长的员工	乙
6	找出工龄最短的员工	庚
7	女员工工龄最长的员工工资	5350
8	部门个数	

图 4-32　INDEX、MATCH、MAX、IF 嵌套数组函数查找工龄最长女员工工资

（10）在 M8 单元格中输入“=SUM(1/COUNTIF(A2：A21,A2：A21))”，按组合键“Ctrl + Shift +Enter”，完成数组公式的输入，统计出部门的个数，如图 4-33 所示。

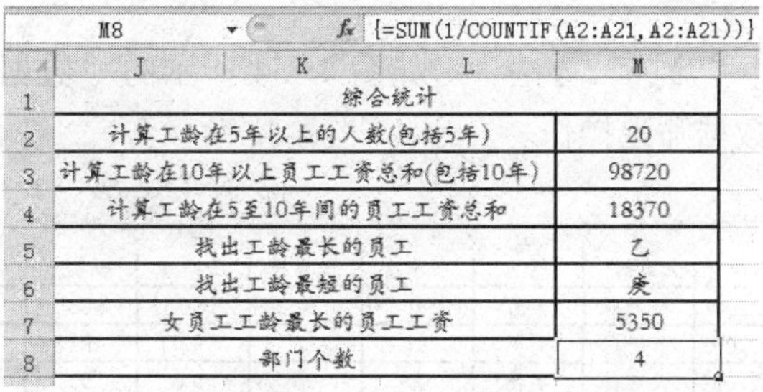
M8 fx {=SUM(1/COUNTIF(A2:A21,A2:A21))}

	J K L	M
1	综合统计	
2	计算工龄在5年以上的人数(包括5年)	20
3	计算工龄在10年以上员工工资总和(包括10年)	98720
4	计算工龄在5至10年间的员工工资总和	18370
5	找出工龄最长的员工	乙
6	找出工龄最短的员工	庚
7	女员工工龄最长的员工工资	5350
8	部门个数	4

图 4-33　SUM、COUNTIF 嵌套数组函数完成统计部门个数

5. 要点提示

（1）MID 函数（text，start_num，num_chars）的功能：返回文本字符串 text 中从指定位置 start_num 开始的特定数目 num_chars 的字符，该数目由用户指定。

（2）TEXT 函数（value，format_text）的功能：将数值 value 转换为文本，并可使用户通过使用特殊格式字符串 format_text 来指定显示格式。

比如：“=TEXT(MID(C2,7,8),"0000-00-00")”。MID(C2,7,8)作为 TEXT 的第一个参数（需要转换格式的数值),"0000-00-00"则是 TEXT 函数的第二个参数（以指定的格式进行显示）。

（3）DATEDIF 函数功能：返回两日期之间的天数、月份或年份值。DATEDIF 函数有三个参数：第一个参数是开始日期；第二个参数是结束日期；第三个参数是需要返回的时间类型（天数、月份或年份值等）。第三个参数常用的包括：“Y”是返回年份；“M”是返回月份；“D”是返回天数。

（4）MOD 函数（number，divisor）的功能：返回两数相除的余数，结果的正负号与除数相同，其中 number 为被除数，divisor 为除数。

（5）INDEX（引用形式）函数功能：返回指定的行与列交叉处的单元格引用。如果引用由不连续的选定区域组成，可以选择某一选定区域。

INDEX（引用形式）函数语法：INDEX(reference，row_num，column_num，[area_

num])。

reference 是引用的一个或多个单元格区域。如果引用的是一个不连续区域，需要用括号括起来，区域之间用逗号隔开；row_num 是引用的某行的行号；column_num 是引用某列的列号（第几列）；[area_num] 是第一个参数中引用的第几个区域。

（6）MATCH(lookup_value, lookup_array, [match_type])函数功能：MATCH 函数可在单元格区域中搜索指定项，然后返回该项在单元格区域中的相对位置。

MATCH 函数的语法：MATCH(lookup_value, lookup_array, [match_type])。lookup_value：需要在 lookup_array 中查找的值。lookup_array：要搜索的单元格区域。match_type：可选参数，是数字 -1、0 或 1。省略此参数，默认为 1。

4.2.4 实验任务 4：数据分析——筛选

1. 实验目的

（1）掌握简单筛选方法。

（2）掌握高级筛选方法。

2. 实验任务

【实验 4-4】通过"筛选"方法，对如图 4-34 所示的"数据分析 1"工作表，按照实验说明要求进行数据筛选操作。

	A	B	C	D	E	F	G	H
1	员工编号	部门	姓名	一季度	二季度	三季度	四季度	总成绩
2	30621001	技术部	李力	81	81	96	85	343
3	30621002	市场部	刘英	83	88	97	91	359
4	30621003	人事部	吴梅	90	95	96	99	380
5	30601523	人事部	杨成林	89	96	83	81	349
6	30601524	财务部	孙少民	86	85	93	87	351
7	30601525	人事部	林勇	90	94	90	90	364
8	30610101	技术部	王小兵	90	93	84	83	350
9	30610102	人事部	张志宏	95	90	90	98	373
10	30610103	财务部	黄高原	83	87	88	83	341
11	30501010	人事部	钟丽珍	92	93	98	97	380
12	30501011	技术部	李晓东	99	86	80	82	347
13	30501012	市场部	张新民	98	81	99	82	360
14	30501013	技术部	毛志远	98	87	85	90	360
15	30551011	人事部	马鸿涛	96	94	99	92	381
16	30551012	人事部	许婷	92	89	89	97	367
17	30551013	技术部	李启勋	88	86	86	98	358
18	30551014	技术部	曲艳丽	94	82	99	81	356

图 4-34 "筛选"素材图

3. 实验说明

（1）在"数据分析 1"工作表中，通过"自动筛选"筛选出"人事部"一季度成绩低于 90 的数据清单。

（2）通过"高级筛选"筛选出"技术部"总成绩低于 350 分；"人事部"四季度成绩高于 90 分并且总成绩超过 360 分；"财务部"总成绩高于 350 分的所有数据清单。

（3）通过"高级筛选"筛选出每个部门总成绩在前两位的数据清单。

4. 操作方法

（1）打开"数据分析 1"工作表，选择"数据"主选项卡的"排序和筛选"功能区，单击"筛选"按钮，如图 4-35 所示。

图 4-35　"简单筛选"菜单

（2）"数据分析表 1"第一行每个标题位置出现下拉菜单按钮，如图 4-36 所示。

员工编号	部门	姓名	一季度	二季度	三季度	四季度	总成绩
30501010	人事部	钟丽珍	92	93	98	97	380
30501011	技术部	李晓东	99	86	80	82	347

图 4-36　"简单筛选"下拉菜单按钮

（3）单击"部门"标题右侧的下拉箭头，在弹出的下拉列表框中，勾选"人事部"复选框，如图 4-37 所示。

员工编号	部门	姓名	一季度	二季度	三季度	四季度	总成绩
			92	93	98	97	380
			99	86	80	82	347
			98	81	99	82	360
			98	87	85	90	360
			96	94	99	92	381
			92	89	89	97	367
			88	86	86	98	358
			94	82	99	81	356
			89	96	83	81	349
			86	85	93	87	351
			90	94	90	90	364
			90	93	84	83	350
			95	90	90	98	373
			83	87	88	83	341
			81	81	96	85	343
			83	88	97	91	359
			98	95	96	99	388

图 4-37　"简单筛选"勾选"人事部"复选框

（4）单击"确定"按钮，筛选出所有"人事部"员工的数据清单，如图 4-38 所示。

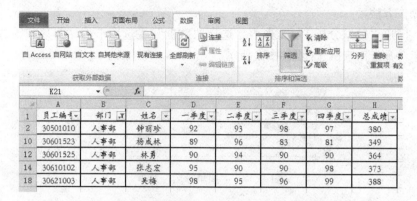

图 4-38 "简单筛选"筛选出"人事部"数据清单

（5）单击"一季度"标题右侧的下拉箭头，依次单击"数字筛选"、"小于"命令，如图 4-39 所示。

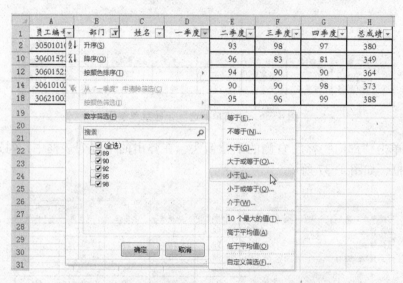

图 4-39 "数字筛选"选择"小于"菜单选项

（6）在"自定义自动筛选方式"对话框，设置如图 4-40 所示的筛选条件。

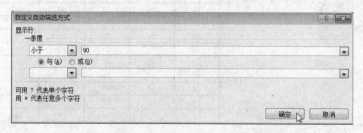

图 4-40 "自定义自动筛选方式"设置筛选条件

（7）单击"确定"按钮，完成筛选出"人事部"一季度成绩低于 90 的数据清单，如图 4-41 所示。

大学 MS Office 高级应用实践教程

员工编号	部门	姓名	一季度	二季度	三季度	四季度	总成绩
30601523	人事部	杨成林	89	96	83	81	349

图4-41 "自动筛选"筛选出"人事部"一季度成绩低于90的数据清单

（8）单击如图4-41所示的筛选清单的任意单元格，单击"筛选"按钮，返回筛选前数据列表。在J1：L4单元格区域中，输入如图4-42所示的筛选条件。

部门	四季度	总成绩
技术部		<350
人事部	>90	>360
财务部		>350

图4-42 "高级筛选"条件

（9）选择"数据"主选项卡的"排序和筛选"功能区，单击"高级"按钮，打开"高级筛选"对话框，如图4-43所示。

（10）在"高级筛选"对话框，单击"条件区域"右侧的选择按钮，打开"高级筛选-条件区域"对话框，如图4-44所示。

图4-43 "高级筛选"对话框   图4-44 "高级筛选-条件区域"对话框

（11）在"高级筛选-条件区域"对话框，选中J1：L4单元格区域，如图4-45所示。设置"条件区域"后，单击"高级筛选-条件区域"对话框右侧的选择按钮，返回"高级筛选"对话框，如图4-46所示。

图4-45 设置后的"条件区域"对话框   图4-46 "高级筛选"对话框

（12）设置"列表区域"和"条件区域"后，单击"确定"按钮，完成筛选出"技术部"总成绩低于350分；"人事部"四季度成绩高于90分并且总成绩超过360

分;"财务部"总成绩高于 350 分的所有数据清单,如图 4-47 所示。

	A	B	C	D	E	F	G	H
1	员工编号	部门	姓名	一季度	二季度	三季度	四季度	总成绩
2	30501010	人事部	钟丽珍	92	93	98	97	380
3	30501011	技术部	李晓东	99	86	80	82	347
9	30551014	财务部	曲艳丽	94	82	99	81	356
11	30601524	财务部	孙少民	86	85	93	87	351
14	30610102	人事部	张志宏	95	90	90	98	373
16	30621001	技术部	李力	81	81	96	85	343
18	30621003	人事部	吴梅	98	95	96	99	388

图 4-47 "高级筛选"结果图

4.2.5 实验任务 5:数据分析——分类汇总和数据透视表

1. 实验目的

(1) 掌握分类汇总方法。

(2) 掌握数据透视表方法。

2. 实验任务

【实验 4-5】通过分类汇总和数据透视表,将如图 4-48 所示的"数据分析 2"数据分别按实验说明要求进行数据分析和统计操作。

	A	B	C	D
1	编号	销售团队	商品名称	销售金额
2	YS001	销售A队	足球	4560
3	YS002	销售A队	足球	6476
4	YS003	销售A队	足球	4656
5	YS004	销售B队	足球	4188
6	YS005	销售B队	足球	1368
7	YS006	销售A队	羽毛球拍	1320
8	YS007	销售A队	羽毛球拍	1572
9	YS008	销售B队	羽毛球拍	4404
10	YS009	销售C队	羽毛球拍	2308
11	YS010	销售B队	网球拍	2092
12	YS011	销售C队	网球拍	5272
13	YS012	销售C队	网球拍	4212
14	YS013	销售A队	篮球	1116
15	YS014	销售B队	篮球	3164
16	YS015	销售B队	篮球	2296
17	YS016	销售C队	篮球	4120
18	YS017	销售C队	篮球	4200

图 4-48 "数据分析 2"素材图

3. 实验说明

(1) 在"数据分析 2"工作表中,通过"分类汇总"统计出各销售团队的员工人数和总销售金额。

(2) 通过"数据透视表"统计各销售团队不同商品的销售金额的平均值。

4. 操作方法

(1) 打开"数据分析 2"工作表,单击 A1:D18 数据区域任意单元格,选择"数据"主选项卡的"排序和筛选"功能区,单击"排序"按钮,如图 4-49 所示。

图 4-49 "分类汇总"前对关键字段进行排序

（2）在"排序"对话框中，设置如图 4-50 所示的排序条件（排序的"次序"可以是任意顺序）。

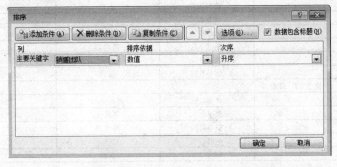

图 4-50 "排序"对话框设置

（3）对要"分类汇总"的关键字段进行排序后，单击数据区域中任意单元格，选择"数据"主选项卡的"分级显示"功能区，单击"分类汇总"选项，如图 4-51 所示。

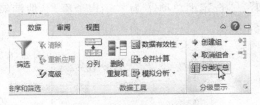

图 4-51 "分类汇总"菜单

（4）在"分类汇总"对话框中，分别设置"分类字段"为"销售团队"，"汇总方式"为"计数"，"选定汇总项"为"销售团队"，如图 4-52 所示。

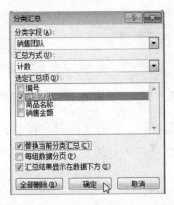

图 4-52 "分类汇总"对话框设置

（5）设置"分类汇总"参数后，单击"确定"按钮，完成对销售团队人员个数统计操作，如图 4-53 所示。

	编号	销售团队	商品名称	销售金额
1	编号	销售团队	商品名称	销售金额
2	YS001	销售A队	足球	4560
3	YS002	销售A队	足球	6476
4	YS003	销售A队	足球	4656
5	YS006	销售A队	羽毛球拍	1320
6	YS007	销售A队	羽毛球拍	1572
7	YS013	销售A队	篮球	1116
8	销售A队 计数	6		
9	YS004	销售B队	足球	4188
10	YS005	销售B队	足球	1368
11	YS008	销售B队	羽毛球拍	4404
12	YS010	销售B队	网球拍	2092
13	YS014	销售B队	篮球	3164
14	YS015	销售B队	篮球	2296
15	销售B队 计数	6		
16	YS009	销售C队	羽毛球拍	2308
17	YS011	销售C队	网球拍	5272
18	YS012	销售C队	网球拍	4212
19	YS016	销售C队	篮球	4120
20	YS017	销售C队	篮球	4200
21	销售C队 计数	5		
22	总计数	17		

图 4-53　"分类汇总"统计出销售团队个数

（6）单击"分类汇总"数据区域中任意单元格，打开"分类汇总"对话框，设置"汇总方式"为"求和"，"选定汇总项"为"销售金额"，取消勾选"替换当前分类汇总"复选框，如图 4-54 所示。

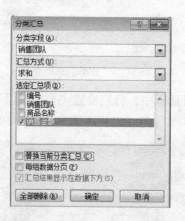

图 4-54　"分类汇总"对话框设置

（7）设置"分类汇总"选项后，单击"确定"按钮，完成统计出各销售团队的员工人数和总销售金额，如图 4-55 所示。

1 2 3 4	A	B	C	D
1	编号	销售团队	商品名称	销售金额
2	YS001	销售A队	足球	4560
3	YS002	销售A队	足球	6476
4	YS003	销售A队	足球	4656
5	YS006	销售A队	羽毛球拍	1320
6	YS007	销售A队	羽毛球拍	1572
7	YS013	销售A队	篮球	1116
8		销售A队 汇总		19700
9	销售A队 计数	6		
10	YS004	销售B队	足球	4188
11	YS005	销售B队	足球	1368
12	YS008	销售B队	羽毛球拍	4404
13	YS010	销售B队	网球拍	2092
14	YS014	销售B队	篮球	3164
15	YS015	销售B队	篮球	2296
16		销售B队 汇总		17512
17	销售B队 计数	6		
18	YS009	销售C队	羽毛球拍	2308
19	YS011	销售C队	网球拍	5272
20	YS012	销售C队	网球拍	4212
21	YS016	销售C队	篮球	4120
22	YS017	销售C队	篮球	4200
23		销售C队 汇总		20112
24	销售C队 计数	5		
25		总计		57324

图4-55 "分类汇总"统计出销售团队人员个数和总销售金额

（8）在分类汇总结果中，左上角会出现分级显示符（1，2，3，4），单击分级显示符数字3只显示分类汇总统计结果，如图4-56所示。

1 2 3 4	A	B	C	D
1	编号	销售团队	商品名称	销售金额
8		销售A队 汇总		19700
9	销售A队 计数	6		
16		销售B队 汇总		17512
17	销售B队 计数	6		
23		销售C队 汇总		20112
24	销售C队 计数	5		
25		总计		57324
26	总计数	19		

图4-56 "分类汇总"分级显示统计结果

（9）单击分类汇总结果区域任意单元格，选择"数据"主选项卡的"分级显示"功能区，单击"分类汇总"按钮，打开"分类汇总"对话框，单击"全部删除"按钮，撤销"分类汇总"，恢复原数据内容，如图4-57所示。

图 4-57 单击"全部删除"

（10）选择"插入"主选项卡的"表格"功能区，单击"数据透视表"的下拉箭头，在下拉菜单中选择"数据透视表"命令，如图 4-58 所示。

图 4-58 "数据透视表"菜单

（11）在"创建数据透视表"对话框，在"选择一个表或区域"的列表框中，选择"数据分析 2!＄A＄1:＄D＄18"，选中"选择放置数据透视表的位置"下面的"新工作表"，如图 4-59 所示。

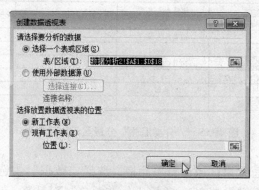

图 4-59 "创建数据透视表"对话框

（12）在"创建数据透视表"对话框中，设置选项后，单击"确定"按钮，在新的工作表自动创建一个数据透视表，如图 4-60 所示。

（13）在新创建的"数据透视表"右侧的"数据透视表字段列表"，拖动鼠标分别将"销售团队"字段拖动至"列标签"行表框，"商品名称"字段拖动到"列标签"列表框，"销售金额"字段拖动至"数值"列表框，数据透视表将自动生成对应的数据透视表，统计出各销售团队不同商品的总销售金额，如图 4-61 所示。

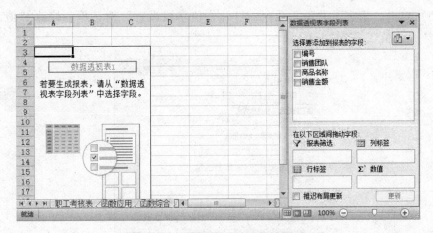

图 4-60　创建新的"数据透视表"

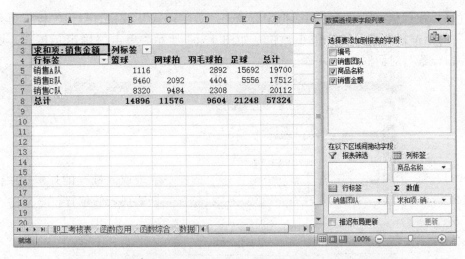

图 4-61　"数据透视表"统计各销售团队不同商品的总销售金额

（14）单击"数据透视表字段列表"中"数值"列表框"求和项：销售金额"，在弹出的快捷菜单中单击"值字段设置"命令，如图 4-62 所示。

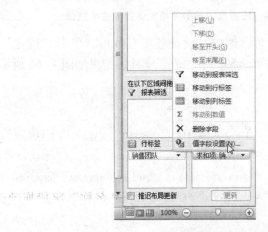

图 4-62　"值字段设置"快捷菜单

（15）单击"值字段设置"命令，打开"值字段设置"对话框，修改"值汇总方式"为"平均值"，如图 4-63 所示。

图 4-63　"值字段设置"对话框设置

（16）在"值字段设置"对话框中，单击"数字格式"按钮，打开"设置单元格格式"对话框，设置保留 2 位小数位，如图 4-64 所示。单击"确定"按钮，返回"值字段设置"对话框。

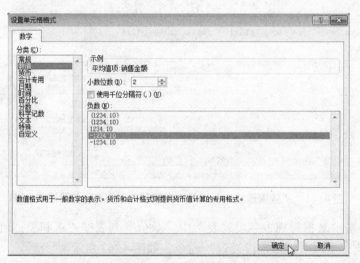

图 4-64　设置值字段数字格式保留 2 位小数位

（17）在"值字段设置"对话框中，设置各项参数后，单击"确定"按钮，完成统计各销售团队不同商品的销售金额的平均值，统计的结果如图 4-65 所示。

	A	B	C	D	E	F
1						
2						
3	平均值项:销售金额	列标签				
4	行标签	篮球	网球拍	羽毛球拍	足球	总计
5	销售A队	1116.00		1446.00	5230.67	3283.33
6	销售B队	2730.00	2092.00	4404.00	2778.00	2918.67
7	销售C队	4160.00	4742.00	2308.00		4022.40
8	总计	2979.20	3858.67	2401.00	4249.60	3372.00
9						

图 4-65　统计结果效果图

5. 要点提示

（1）分类汇总前一定记得对分类汇总的关键字段进行排序操作。

（2）"数据透视表"是数据分析中一种最重要的方法，结合了数据排序、筛选、分类汇总等数据分析的特点。在"数据透视表"中，可以改变字段的排列顺序，对多字段进行筛选。对数据区域的字段进行汇总计算，也可以对数据区域的字段进行各种计算。

4.2.6 实验任务6：其他常用数据分析工具应用之一

1. 实验目的

（1）掌握数据"分列"方法。

（2）掌握数据"合并计算"方法。

（3）掌握数据"删除重复项"方法。

2. 实验任务

【实验4-6】通过"分列"数据工具，完成"类别编码"分成"银行名称"和"商品编码"两列数据，如图4-66所示。

	A	B	C
1	类别编码	银行名称	商品编码
2	PFYH170616	PFYH	170616
3	ZSYH170617	ZSYH	170617
4	GSYH170618	GSYH	170618
5	GSYH170619	GSYH	170619
6	ZSYH170620	ZSYH	170620
7	PFYH170622	PFYH	170622
8	ZSYH170623	ZSYH	170623
9	ZSYH170624	ZSYH	170624
10	PFYH170625	PFYH	170625
11	GSYH170626	GSYH	170626

图4-66 "分列"数据工具应用结果图

3. 实验说明

打开"案例1"工作簿，在"分列"工作表中，将"类别编码"分隔成"银行名称"列和"商品编码"列。比如，将 A2 单元格"PFYH170616"分隔为"PFYH"和"170616"，放置在 B2 和 B3 单元格。

4. 操作方法

（1）打开"分列"工作表，选中 A2：A11 单元格区域。

（2）选择"数据"主选项卡的"数据工具"功能区，单击"分列"按钮，打开"文本分列向导-第 1 步"对话框，在"请选择最合适的文件类型"选项中，选中"固定宽度"选项，单击"下一步"按钮，完成第一步操作，如图4-67所示。

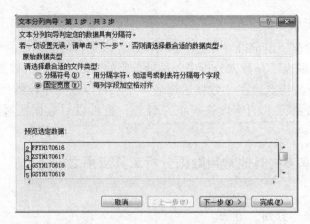

图 4-67　文本分列向导-第 1 步

（3）在"文本分列向导-第 2 步"对话框的"数据预览"区域内第四个字符"H"和第五个字符"1"之间用鼠标单击建立分列线，单击"下一步"按钮，完成第二步操作，如图 4-68 所示。

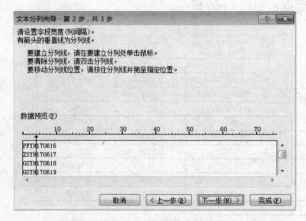

图 4-68　文本分列向导-第 2 步

（4）在"文本分列向导-第 3 步"对话框中，选择"列数据格式"为"常规"，设定分隔"目标区域"为"B2：C11"区域，单击"完成"按钮，如图 4-69 所示。

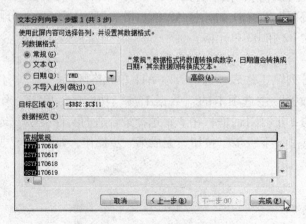

图 4-69　文本分列向导-第 3 步

（5）单击"完成"按钮，打开"是否替换目标单元格内容"提示对话框。

（6）单击"确定"按钮，完成"类别编码"分隔到"银行名称"列和"商品编码"列。

5. 要点提示

（1）"分列"数据工具对数据进行"分列"操作根据文本内容一般有两种方式：按"分隔符号"和"固定宽度"进行分列。

（2）按"分隔符号"进行数据"分列"操作，分隔的符号包含：TAB 键、分号、逗号、空格、其他特殊符号。

4.2.7 实验任务 7：其他常用数据分析工具应用之二

1. 实验目的

（1）掌握数据"分列"方法。

（2）掌握数据"合并计算"方法。

（3）掌握数据"删除重复项"方法。

2. 实验任务

【实验 4-7】通过"合并计算"功能计算西南财经大学"A 商品销售数量"和"B 商品销售数量"之和，如图 4-70 所示。

	A	B	C	D	E	F	G
1	柳林校区				光华校区		
2	日期	A商品销售数量	B商品销售数量		日期	A商品销售数量	B商品销售数量
3	2012/5/25	789	320		2012/5/25	159	347
4	2012/5/26	673	480		2012/5/26	390	352
5	2012/5/27	232	649		2012/5/27	353	292
6	2012/5/28	637	675		2012/5/28	231	111
7	2012/5/29	1314	520		2012/5/29	214	77
8							
9	西南财经大学						
10	日期	A商品销售数量	B商品销售数量				
11	2012/5/25	948	667				
12	2012/5/26	1063	832				
13	2012/5/27	585	941				
14	2012/5/28	868	786				
15	2012/5/29	1528	597				

图 4-70 "分列"数据工具应用结果图

3. 实验说明

打开"案例 1"工作簿，在"合并计算"工作表中根据"光华校区"和"柳林校区"商品销售数量，统计"西南财经大学"商品销售总数量。

4. 操作方法

（1）打开"合并计算"工作表，选中 B11 单元格，选择"数据"主选项卡的"数据工具"功能区，单击"合并计算"按钮，打开"合并计算"对话框，如图 4-71 所示。

图 4-71 "合并计算"对话框

（2）在"合并计算"对话框的"函数"下拉列表中，选择"求和"，单击"引用位置"文本框的▤按钮，打开"合并计算-引用位置"对话框，如图 4-72 所示。

图 4-72 "合并计算-引用位置"对话框

（3）在"合并计算-引用位置"对话框中，单击右侧的选择按钮，选取"合并计算！$B$3:$C$7"数据区域作为"合并计算"的一个区域，返回"合并计算"对话框，单击"添加"按钮，将此数据区域添加到"所有引用位置"列表框中，如图 4-73所示。

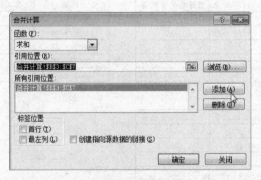

图 4-73 在"合并计算"对话框添加一个引用位置

（4）采用同样的方法，将"合并计算！$F$3:$G$7"区域添加到"所有引用位置"列表框中，如图 4-74 所示。

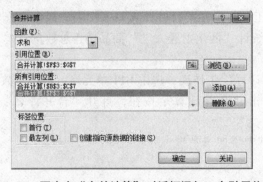

图 4-74 再次在"合并计算"对话框添加一个引用位置

（5）添加所有需要"合并计算"的引用位置后，单击"确定"按钮，完成"合并计算"操作。

5. 要点提示

（1）"合并计算"除了可以在引用位置完全一致时完成合并计算，还可以根据数据列表的"首行"和"最左列"进行数据"合并"操作。

（2）如果按照"首行"和"最左列"同时进行"合并计算"操作时，"合并计算"的结果区域将自动缺失第一行的最左列数据，用户可以通过输入的方法进行补充输入。

（3）"合并计算"不仅可以在一个工作表中进行操作，也可以在不同工作表、不同工作簿中进行"合并计算"。

4.2.8 实验任务8：图表综合应用

1. 实验目的
（1）掌握创建图表的方法。
（2）掌握对图表编辑的方法。
（3）掌握图表区格式的设置方法。

2. 实验任务

【实验4-6】打开"图表制作"工作表，根据 A1：B14 数据清单，创建如图 4-75 所示的图表。

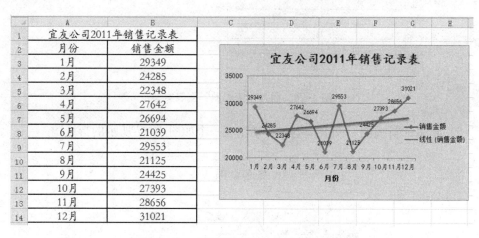

图4-75　"分列"数据工具应用结果图

3. 实验说明
（1）打开"图表制作"工作表，创建一个"折线图"图表类型。
（2）修改"图表类型"为"带数据标记的折线图"。
（3）给图表区域添加标题，标题内容和数据区域 A1 单元格标题内容一致。
（4）给图表区域主要横坐标轴下方添加横坐标轴标题，标题内容为"月份"。
（5）在图表区域中添加"数据标签"，添加在数据点上方。
（6）修改主要纵坐标轴刻度最小值刻度为"20000"，主要刻度单位为"5000"。
（7）在图表区域中为"销售金额"数据系列添加"线性趋势线"。

（8）设置图表区域中的标题、横坐标轴、纵坐标轴、数据标签字体格式。

（9）为"销售金额"的"线性趋势线"设置一种形状样式。

（10）给图标区域添加底纹作为背景颜色。

4. 操作方法

（1）打开"图表制作"工作表，选中 A2：B14 数据区域，选择"插入"主选项卡的"图表"功能区，单击"折线图"的下拉箭头，在下拉列表中选择"折线图"图表类型，如图 4-76 所示。

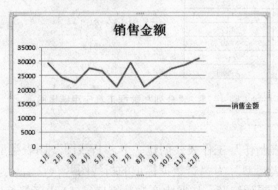

图 4-76　插入"折线图"图表类型

（2）单击"折线图"图表类型，自动生成一个如图 4-77 所示的折线图。

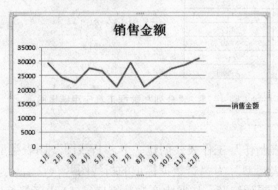

图 4-77　生成的"折线图"图表

（3）选择"图表工具"的"设计"选项卡，在"类型"功能区，单击"更改图表类型"按钮，打开"更改图表类型"对话框，修改图表类型为"带数据标记的折线图"，如图 4-78 所示。

大学 MS Office 高级应用实践教程

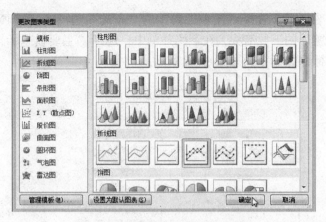

图 4-78　生成的"折线图"图表

（4）修改图表类型后，单击"确定"按钮，生成新的"带数据标记的折线图"，如图 4-79 所示。

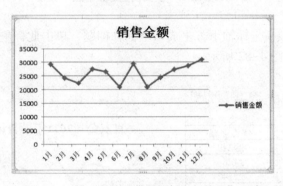

图 4-79　修改后的"带数据标记折线图"图表

（5）单击选中图表区域，单击图表上方的图表标题"销售金额"，在编辑栏处修改图表标题和数据区域标题一致，如图 4-80 所示。

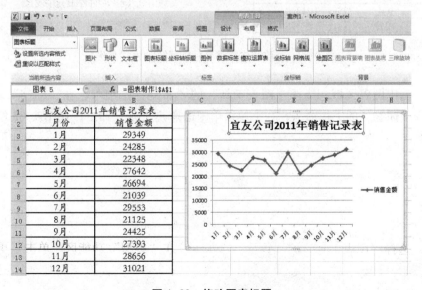

图 4-80　修改图表标题

（6）选中图表区域，选择"图表工具"的"布局"选项卡，在"标签"功能区，单击"坐标轴标题"的下拉箭头，在下拉菜单中，选择"主要横坐标轴标题"菜单中的"坐标轴下方标题"命令，如图4-81所示。

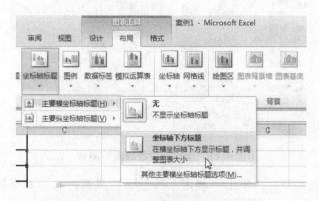

图4-81　添加"主要横坐标轴标题"菜单

（7）在图表区域横坐标轴下方生成横坐标轴标题，单击此标题，在编辑栏中将其修改为"月份"，如图4-82所示。

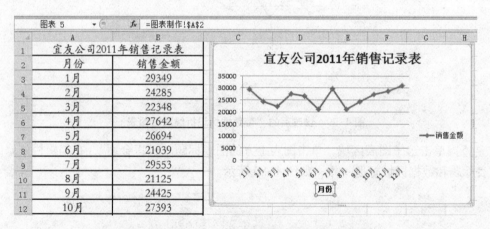

图4-82　修改"主要横坐标轴标题"为"月份"

（8）选中图表区域，选择"图表工具"的"布局"选项卡，在"标签"功能区，单击"数据标签"的下拉箭头，在下拉菜单中选择"上方"命令，如图4-83所示。

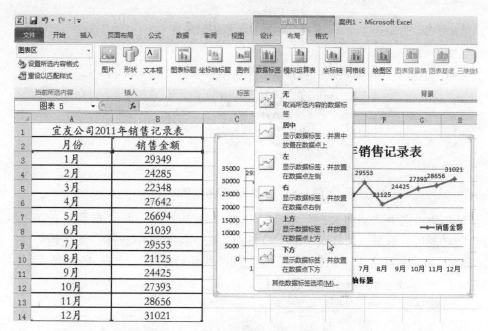

图 4-83 添加"数据标签"在数据点上方

（9）选中图表区域，选择"图表工具"的"布局"选项卡，在"坐标轴"功能区，单击"坐标轴"的下拉箭头，选择"主要纵坐标轴"菜单中的"其他主要纵坐标轴选项"命令，打开"设置坐标轴格式"对话框，修改坐标轴选项"最小值"为"20000"，"主要刻度单位"为"5000"，其余选项保持默认选项，如图 4-84 所示。

图 4-84 修改"纵坐标轴"格式

（10）修改"坐标轴"格式后，单击"关闭"按钮，图表修改后的效果图如图 4-85 所示。

第 4 章 Excel 2010 高级应用实验

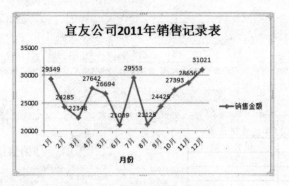

图 4-85　修改后的图表效果图

（11）单击选中"销售金额"系列，选择"图表工具"的"布局"选项卡，在"分析"功能区，单击"趋势线"的下拉按钮，在下拉菜单中选择"线性趋势线"命令，图表区域将自动生成"销售金额"系列的"线性趋势线"，如图 4-86 所示。

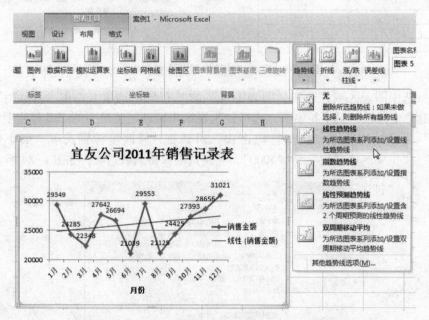

图 4-86　为"销售金额"数据系列添加"线性趋势线"

（12）选中图表区域标题，选择"开始"主选项卡的"字体"功能区，设置"字体"为"楷体"，"字号"设置为"18"，并"加粗"，如图 4-87 所示。

图 4-87　设置图表字体格式

（13）通过上面的方法设置横坐标轴、纵坐标轴字体格式："字体"设置为"楷体"，"字号"设置为"10"；同样单击"数据标签"，设置其"字体"为"楷体"，"字号"设置为"8"，设置好图表区域的字体格式后，效果图如图 4-88 所示。

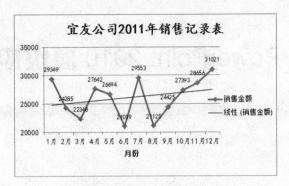

图 4-88　设置字体格式后效果图

（14）选中"销售金额"的"线性趋势线"，选择"图表工具"的"格式"选项卡，在"形状样式"功能区，在"样式"列表框中选择"中等线—强调颜色 2"形状样式，如图 4-89 所示。

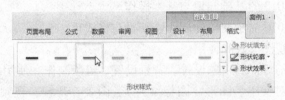

图 4-89　设置"线性趋势线"形状样式

（15）选中图表区域，选择"图表工具"的"格式"选项卡，在"形状样式"功能区，单击"形状填充"的下拉箭头，在下拉列表中选择"白色，背景 1，深色 15%"，为图表区域设置底纹背景，如图 4-90 所示。

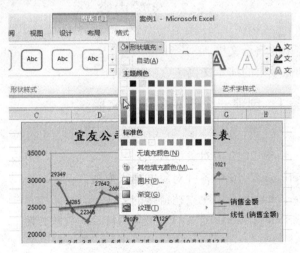

图 4-90　为图表区域设置背景颜色

5. 要点提示

（1）创建图表后，"图表工具"栏自动出现在主选项卡栏中。利用"图表工具"的选项卡，可以对图表进行不同的编辑操作。

（2）图表创建后，选择"图表工具"的"设计"选项卡，在"数据"功能区，单击"切换行/列"按钮，进行图表行和列的切换操作。

第 5 章　PowerPoint 2010 高级应用实验

5.1　知识要点

1. PowerPoint 2010 的基础知识与基本操作。
2. PowerPoint 2010 演示文稿的制作、编辑与格式化。
3. 演示文稿的视图模式和使用。
4. 演示文稿中幻灯片的主题设置、背景设置、母版制作和使用。
5. 在幻灯片中对文本、图形、图像（片）、图表、音频、视频、艺术字等对象的编辑和应用。
6. 在幻灯片中对各对象的动画、幻灯片切换效果、链接操作等交互设置。
7. 幻灯片放映设置、演示文稿的打包和输出。

5.2　实验内容

1. 创建一个简单的演示文稿。
2. 创建精美动画效果的演示文稿。

5.2.1　实验任务 1：创建一个简单的演示文稿

1. 实验目的

（1）熟悉 PowerPoint 2010 中对象的概念。

（2）掌握 PowerPoint 2010 中各种对象的插入方法。

（3）掌握 PowerPoint 2010 中建立超链接的方法。

（4）掌握 PowerPoint 2010 中动画的设置与幻灯片的放映方法。

2. 实验任务

【实验 5-1】创建一个介绍巧克力的 PPT 文件，完成相关操作。

3. 实验说明

创建一个介绍巧克力的 PPT 文件，完成以下操作：

（1）为 PPT 文件选择应用设计模板，修改母版中标题的文字设置，并插入一幅图片。

（2）编辑第一张幻灯片，为第一张幻灯片设置动作路径。

（3）编辑第二张、第三张和第四张幻灯片，并设置文字的动画效果。

（4）单击第四张幻灯片中的图片，可打开对应的原始图片文件。

（5）编辑第五张、第六张幻灯片，并设置动画效果。

（6）添加背景音乐，设置声音播放效果。

（7）为幻灯片添加切换效果，设置排练计时。

4. 操作方法

（1）为 PPT 文件选择设计应用模板，修改母板中标题的文字设置，并插入一幅图片。

① 新建一个演示文稿，选择"设计"主选项卡的"主题"功能区，在"主题"功能区中，PowerPoint 2010 内置了多种幻灯片模板，单击"波形"模板，选择"波形.ppt"，如图 5-1 所示。

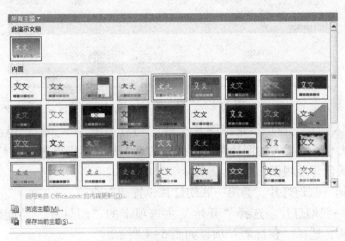

图 5-1　选择幻灯片应用模板

② 选择"视图"主选项卡的"母版视图"功能区，单击"幻灯片母版"按钮，打开"幻灯片母版视图"窗口，如图 5-2 所示。

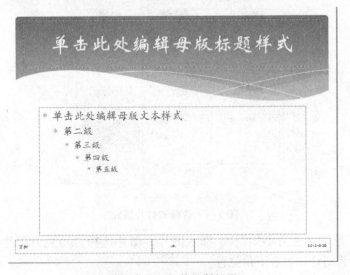

图 5-2　幻灯片母版视图

③ 改变母版的标题样式：设置字号为48，字体为华文楷体，左对齐文字。

④ 插入图片。选择"插入"主选项卡的"图像"功能区，单击"图片"按钮，打开"插入图片"窗口，如图5-3所示。

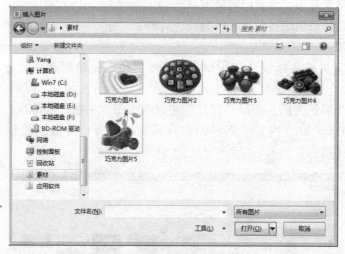

图5-3　"插入图片"窗口

⑤ 在"插入图片"窗口，选择图片文件"巧克力图片1.jpg"，单击"打开"按钮，调整图片大小，将插入的图片移动到母版的右上角，然后单击"幻灯片母版视图"菜单栏上的"关闭母版视图"按钮。

（2）编辑第一张幻灯片，为第一张幻灯片设置动作路径。

① 编辑第一张幻灯片。选择"开始"主选项卡的"幻灯片"功能区，单击"版式"的下拉箭头，选择"仅标题"项，如图5-4所示。

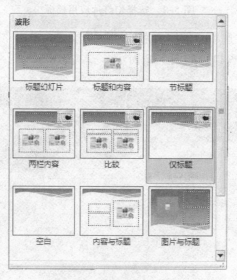

图5-4　选择幻灯片版式

② 输入标题"巧克力小知识"。插入图片，图片选择"巧克力图片2.jpg"，将图片移动到第一张幻灯片的右下角位置。

③ 编辑文字动画效果。选中标题，选择"动画"主选项卡的"高级动画"功能

区，单击"添加动画"的下拉箭头，在下拉列表中选择"其他动作路径"命令，打开"添加动作路径"对话框，如图 5-5 所示。

图 5-5 "添加动作路径"窗口

④ 在"添加动作路径"对话框中，选择"直线和曲线"中的"对角线向右下"项，单击"确定"按钮，返回幻灯片，出现动作路径的指示箭头，如图 5-6 所示。

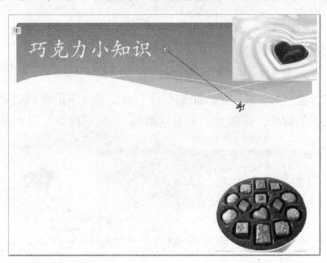

图 5-6 "动作路径"的指示箭头

⑤ 单击指示箭头，调整到适当的位置。

⑥ 重复前面第③、④、⑤步骤，为"巧克力图片 2.jpg"设置动作路径。注意：在步骤④中，单击"直线和曲线"列表框中的"向左"命令，此时出现一条向左直线，如图 5-7 所示。

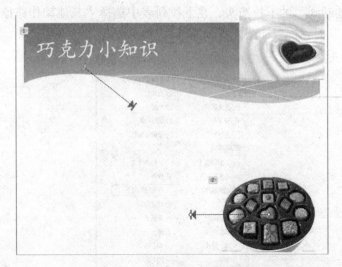

图 5-7　"动作路径"的指示箭头

⑦ 分别选中文字和图片，选择"动画"主选项卡的"计时"功能区，将文字和图片的"开始："设置为"与上一动画同时"，将"持续时间："设置为"01.00"，如图5-8 所示。至此，第一张幻灯片编辑完成。

图 5-8　设置动作路径的"开始"和"持续时间"

（3）编辑第二张、第三张和第四张幻灯片，并设置文字的动画效果。

① 编辑第二张幻灯片，标题为"可可豆知识"，文字内容如图5-9所示。

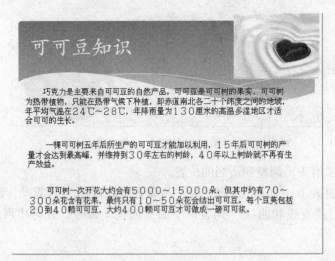

图 5-9　第二张幻灯片的内容

② 文字的输入方法。选择"插入"主选项卡的"文本"功能区，单击"文本框"的下拉箭头，在下拉菜单中选择"横排文本框"命令，鼠标变成长十字，在幻灯片上

按下鼠标左键拖曳至适当位置，释放左键，出现一个文本框，把图 5-9 中的文字输入到文本框内。

③ 设置文字的动画效果，如表 5-1 所示。

表 5-1　　　　　　　　　　　　第二张幻灯片中各对象的动画效果

	标题	第一段文字	第二段文字	第三段文字
添加动画	陀螺旋	展开	缩放	劈裂
开始	单击时	单击时	单击时	单击时
效果选项	顺时针			
持续时间	02.00	02.00	02.00	02.00

④ 编辑第三张幻灯片，标题为"巧克力的原料成分及口味"，内容如图 5-10 所示。文字输入方法见步骤②。

图 5-10　第三张幻灯片的内容

⑤ 设置第三张幻灯片的动画效果，具体设置如表 5-2 所示。

表 5-2　　　　　　　　　　　　第三张幻灯片中各对象的动画效果

	标题	第一段文字	第二段文字	第三段文字
添加效果	旋转	菱形	菱形	菱形
开始	单击时	单击时	单击时	单击时
效果选项		放大	缩小	放大
速度	01.00	01.50	01.50	01.50

⑥ 编辑第四张幻灯片，标题为"巧克力的生产工艺"，内容如图 5-11 所示。

巧克力的生产工艺

1、可可树　2、可可的采收　　3、发酵

4、干燥　　5、精选和分类　　6、焙炒

7、去壳、磨碎　　8、氧化　　9、调和

10、成型　　11、包装。

图5-11　第四张幻灯片的内容

⑦ 在幻灯片的底部插入三张图片"巧克力图片3.jpg"、"巧克力图片4.jpg"和"巧克力图片5.jpg"并缩小。

⑧ 设置动画效果。选中标题，选择"动画"主选项卡的"高级动画"功能区，单击"添加动画"的下拉箭头，在下拉列表中选择"更多强调效果"命令，如图5-12所示。

图5-12　添加强调效果动画

图5-13　"添加强调效果"对话框

⑨ 单击"更多强调效果"命令，打开对话框，如图5-13所示。

⑩ 选中"彩色延伸"，单击"确定"按钮，为标题添加动画效果。幻灯片中各对象的动画效果设置参如表5-3所示。

表 5-3   第四张幻灯片中各对象的动画效果

	标题	文字	巧克力图片 3	巧克力图片 4	巧克力图片 5
添加效果	彩色延伸	波浪形	脉冲	陀螺旋	放大/缩小
开始	单击时	上一动画之后	上一动画之后	上一动画之后	上一动画之后
效果选项				逆时针	
持续时间	01.00	01.50	01.25	01.25	01.50

（4）单击第四张幻灯片中的图片，打开对应的原始图片文件。

① 选中"巧克力图片 3.jpg"小图片，选择"插入"主选项卡的"链接"功能区，单击"超链接"按钮，打开"超链接"对话框，如图 5-14 所示。

图 5-14 "插入超链接"对话框

② 单击"确定"按钮，完成"巧克力图片 3.jpg"小图片的超链接设置。同理，设置另外两张图片的超链接。

（5）编辑第五张、第六张幻灯片，并设置动画效果。

① 编辑第五张幻灯片，标题为：世界知名巧克力。内容为：

文字："比利时列奥尼达斯 LEONIDAS"，并插入相对应的图片。

文字："奥地利 mozart 巧克力"，插入相对应的图片。

文字："瑞士 Zeller 手工巧克力"，插入相对应的图片。

文字："比利时的 Duc Do 巧克力"，插入相对应的图片。

② 编辑第六张幻灯片，标题为：世界知名巧克力。内容为：

文字："德国 rittersport 巧克力"，插入相对应的图片。

文字："德国 storckriesen 太妃巧克力"，插入相对应的图片。

文字："比利时"吉利莲"巧克力"，插入相对应的图片。

文字："瑞典 Marabou 巧克力"，插入相对应的图片。

③ 将图片与文字组合在一起。选中第五张幻灯片中的文字"比利时 LEONIDAS"，按下 Shift 键，选中相对应的图片，选择"图片工具"的"格式"选项卡，在"排列"功能区，单击"组合"下拉按钮，在下拉菜单中选择"组合"命令，完成文字与图片的组合。类似地，将其他文字与图片进行组合，如图 5-15 所示。

图 5-15　图片与文字组合

④ 设置动画效果。重复第 3 小题的步骤⑧、⑨、⑩，分别为八张组合图形设置动画效果（具体的效果请自选）。标题的动画效果设置为："进入"下面的"弹跳"。

（6）添加背景音乐，设置声音播放效果。

① 为幻灯片添加背景音乐。选中第一张幻灯片，选择"插入"主选项卡的"媒体"功能区，单击"音频"的下拉箭头，在下拉菜单中选择"文件中的音频"命令，如图 5-16 所示。

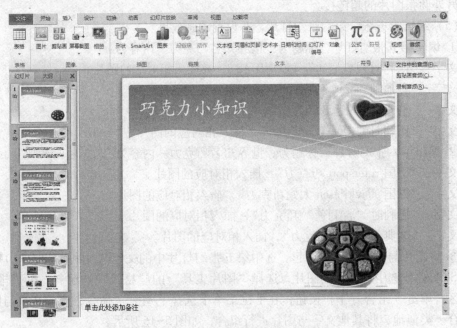

图 5-16　插入"文件中的音频"菜单项

② 单击"文件中的音频"菜单选项，打开"插入音频"对话框，如图 5-17 所示。

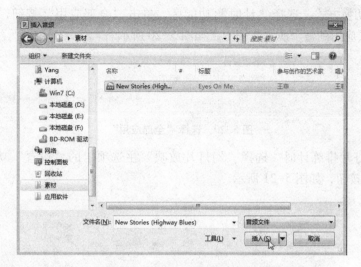

图 5-17 "插入音频" 对话框

③ 找到要插入演示文稿中的声音文件存放路径，单击音频文件 "New Stories (Highway Blues). mp3"，单击 "插入" 按钮。

④ 插入音频文件，幻灯片上出现声音图标🔊，选中声音图标，选择 "音频工具" 的 "播放" 选项卡，在 "音频选项" 功能区，单击 "开始" 下拉列表中的 "自动 (A)" 项，同时勾选 "放映时隐藏"、"循环播放，直到停止"、"播完返回开头" 三个复选框，如图 5-18 所示。

图 5-18 设置声音的播放效果

（7）为幻灯片添加切换效果，排练计时。

① 设置幻灯片的切换方式。选择 "切换" 主选项卡的 "切换到此幻灯片" 功能区，选择 "随机线条" 切换方式，如图 5-19 所示。

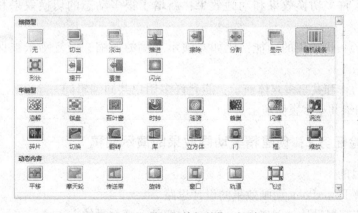

图 5-19 "幻灯片切换" 对话框

② 选择切换方式。选择"计时"功能区，单击"全部应用"按钮，将"随机线条"切换方式应用到整个演示文稿中，如图 5-20 所示。

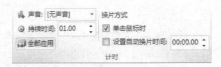

图 5-20　选择"全部应用"

③ 为幻灯片排练计时。选择"幻灯片放映"主选项卡的"设置"功能区，单击"排练计时"按钮，如图 5-21 所示。

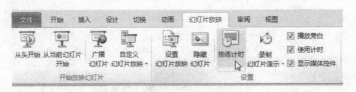

图 5-21　为幻灯片排练计时

④ 保存"排练计时"的时间，播放幻灯片。选择"幻灯片放映"主选项卡的"开始放映幻灯片"功能区，单击"从头开始"按钮。

5. 要点提示

（1）演示文稿设计原则

① 主题明确，结构完整。

② 要点明确，逻辑连贯。

③ 表现形式多样，抓住观众眼球。

④ 声色俱全，精美动画。

（2）Power Point 2010 新增功能

① 全新的界面：采用 Office 2010 风格的界面由菜单和功能区组成的一系列子菜单。

② 视频处理：可直接将演示文稿保存为视频格式，并可对插入的视频进行简单的编辑和裁剪。

③ 全新的图像编辑工具：可对图片添加各种艺术效果、颜色调整、图片裁剪等操作。

④ 新增了许多切换效果和动画效果：新增了很多动态的切换效果和精美的动画效果。

⑤ 新增了一些实用的功能：比如对演示文稿的压缩、恢复刚未被保存的文档等功能。

⑥ 团队协作和共享多媒体演示：能允许多用户共同编辑同一个演示文稿，也能允许用户通过网络共享多媒体演示。

5.2.2　实验任务 2：创建精美动画效果的演示文稿

1. 实验目的

（1）了解 PowerPoint 动画效果的设计思路。

（2）熟练掌握设计与创建 PowerPoint 中四种动画效果的方法。

（3）熟练掌握 PowerPoint 动画路径的设置方法。

（4）熟练掌握 PowerPoint 动画计时效果的设置方法。

（5）熟练掌握 PowerPoint 演示文稿的输出方法。

2．实验任务

【实验 5-2】创建一个线条、点、对象结合的精美动画效果的演示文稿，完成相关操作。

3．实验说明

创建一个线条变化激活对象变化的动画效果的演示文稿，完成以下操作：

（1）根据素材文件创建一个线条、点、对象同时变化的演示文稿。

（2）输出演示文稿为视频文件。

4．操作方法

（1）在演示文稿中插入三张素材文件。

① 启动 PowerPoint 2010，自动创建一张新的幻灯片，在创建的幻灯片中，选择"插入"主选项卡的"图像"功能区，如图 5-22 所示。

图 5-22　插入图片菜单

② 单击"图片"按钮，打开"插入图片"窗口，选中需要插入的图片文件"素材1"，单击"插入"按钮，完成图片素材 1 的插入操作，如图 5-23 所示。

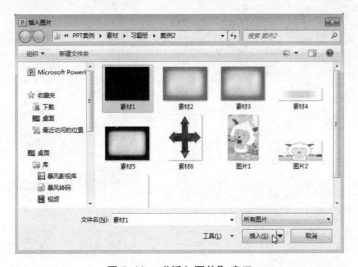

图 5-23　"插入图片"窗口

③ 按照上述方法依次插入"素材 2"、"素材 3"两张图片，插入两张图片后，效果如图 5-24 所示。

图 5-24 再依次插入二张素材文件效果图

（2）为图片"素材 3"添加一个反复的"闪烁"强调效果。

① 单击选中"素材 3"图片，选择"动画"主选项卡的"高级动画"功能区，单击"添加动画"的下拉箭头，在下拉列表中选择"更多强调效果"命令，如图 5-25 所示。

② 在"添加强调效果"对话框中，选择"闪烁"项，单击"确定"按钮，为图片"素材 3"添加"闪烁"强调效果，如图 5-26 所示。

图 5-25 "更多强调效果"菜单

图 5-26 添加"闪烁"强调效果

③ 选择"动画"主选项卡的"高级动画"功能区，单击"动画窗格"按钮，在幻灯片主窗口右侧弹出"动画窗格"选项框，如图 5-27 所示。

大学 MS Office 高级应用实践教程

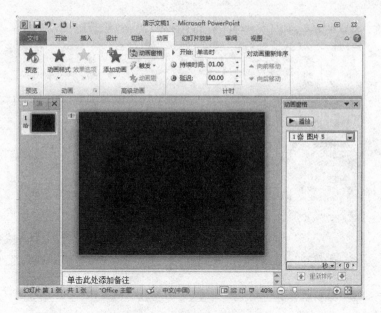

图 5-27 "动画窗格"选项框

④ 在"动画窗格"选项框中，右键单击"素材 3"（图片 5）强调动画，在弹出菜单中选择"效果选项"菜单选项，如图 5-28 所示。注意：图片编号 PPT2010 是随机产生的，不同电脑的图片编号可能不一致。

⑤ 选择"效果选项"命令，打开"闪烁"对话框，单击"计时"选项卡，按如图5-29 所示，修改"闪烁"效果选项，单击"确定"按钮，完成为"素材 3"添加反复"闪烁"强调效果。

图 5-28 "动画窗格"右键菜单

图 5-29 "闪烁"效果选项对话框

（3）插入图片"素材 4"，并为其添加一个反复的"向右"直线自定义路径效果。

① 通过步骤（1）的操作方法插入图片"素材 4"，调整其位置在幻灯片主窗格左侧，如图 5-30 所示。

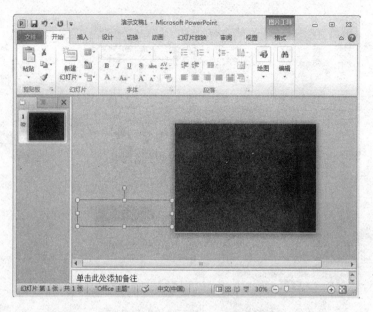

图 5-30　插入"素材 4"调整其位置

② 单击"素材 4"图片，选择"动画"主选项卡的"高级动画"功能区，单击"添加动画"的下拉箭头，在下拉列表中选择"其他动作路径"命令，如图 5-31 所示。在"添加动作路径"对话框中，选择"向右"动作路径选项，如图 5-32 所示。

图 5-31　"其他动作路径"菜单

图 5-32　添加"向右"自定义路径

③ 选择"向右"选项，单击"确定"按钮，为"素材 4"添加"向右"的自定义动作路径，调整"向右"自定义动作路径结束位置，如图 5-33 所示。

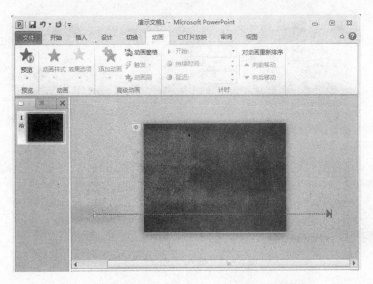

图 5-33 设置"向右"自定义路径开始、结束位置

④ 在"动画窗格"选项框中，右键单击"素材 4"（图片 9）动画效果，在弹出的菜单中选择"效果选项"菜单选项。在"向右"动画效果对话框中，单击"计时"选项卡，按如图 5-34 所示，修改"向右"效果选项，单击"确定"按钮，完成为"素材 4"添加反复"向右"自定义动作路径效果。

图 5-34 设置"向右"效果选项

（4）插入"直线"形状样式，设置其样式格式，并为其添加"向下"直线自定义路径效果。

① 选择"插入"主选项卡的"插图"功能区，单击"形状"的下拉箭头，在下拉列表中选择"直线"形状样式，用鼠标拖动插入如图 5-35 所示的"直线"（直线连接符 13）形状在幻灯片主窗格上方。注意：直线连接符编号 PPT2010 是随机产生的，不同电脑的直接连接符编号可能不一致。

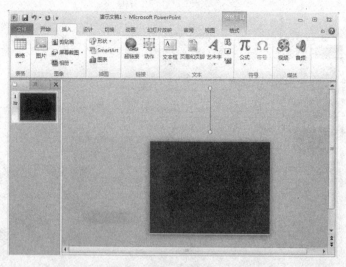

图 5-35　插入"直线"形状

② 选中"直线"形状样式。选择"绘图工具"的"格式"选项卡，在"形状样式"功能区，单击"形状轮廓"的下拉箭头，分别设置线条颜色为"白色"，线条粗细为"2.25磅"，设置的效果图如图 5-36 所示。

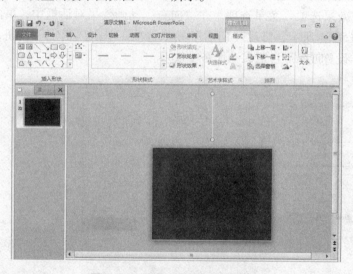

图 5-36　设置"直线"形状样式

③ 选中"直线"形状样式。选择"动画"主选项卡的"高级动画"功能区，单击"添加动画"的下拉列表，在下拉列表中选择"其他动作路径"命令，在"添加动作路径"对话框中，选择"向下"动作路径，设置"直线"形状样式"向下"效果选项如表 5-4 所示的"直线"，移动"直线"形状动画效果的结束位置，设置后的效果动画路径效果图如图 5-37 所示。

表 5-4　　　　　　　　　　　**"直线"（直线连接符 13）动画效果选项**

动画效果	开始	延迟	期间	重复
向下	与上一个动画同时	2秒	快速（1秒）	无

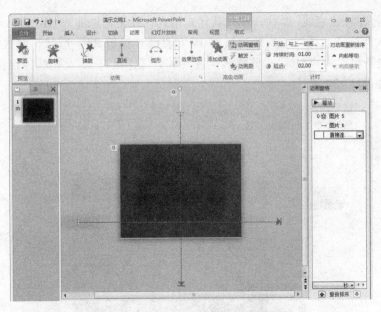

图 5-37　直线"向下"动作路径效果图

（5）插入一根"直线"形状，设置其样式格式，并为其添加"向右"直线自定义路径效果。

通过步骤（4）的操作方法在幻灯片左侧再插入一根"直线"（直线连接符 16）形状样式，同样设置线条颜色为"白色"，线条粗细为"2.25 磅"，在"添加动作路径"对话框中，选择"向右"动作路径，设置直线"向右"效果选项如表 5-5 所示，调整直线动画路径的"结束位置"，设置后的效果动画路径效果图如图 5-38 所示。

表 5-5　　　　　　　　"直线"（直线连接符 16）动画效果选项

动画效果	开始	延迟	期间	重复
向右	与上一个动画同时	2.8 秒	快速（1 秒）	无

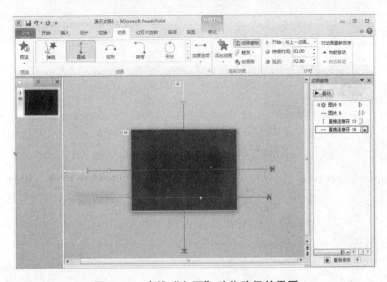

图 5-38　直线"向下"动作路径效果图

（6）插入两根"直线"形状，设置其样式格式，并为其添加"淡出"进入动画效果。

① 插入两根"直线"（直线连接符19和直线连接符28）形状，设置线条颜色为"白色"，线条粗细为"3磅"，调整其位置（和直线连接符13及直线连接符16动作路径重叠），如图5-39所示。

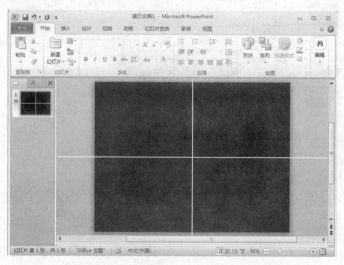

图5-39　直线连接符（19和28）位置

② 分别选中直线连接符19和直线连接符28，为其添加"淡出"进入效果，效果选项如表5-6所示，设置后的效果如图5-40所示。

表5-6　　　　　"直线"（直线连接符19和直线连接符28）动画效果选项

直线名称	动画效果	开始	延迟	期间	重复
直线连接符19	淡出（进入效果）	上一个动画之后	0秒	快速（1秒）	无
直线连接符28	淡出（进入效果）	与上一个动画同时	0秒	快速（1秒）	无

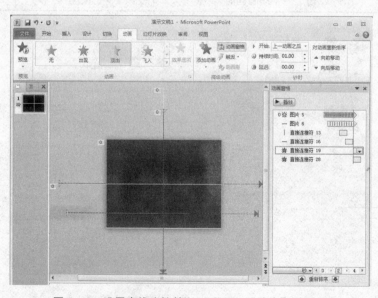

图5-40　设置直线连接符（19和28）"淡出"效果图

（7）插入两张"素材6"图片，调整其位置，并分别添加"淡出"和"出现"进入动画效果。

① 连续两次插入"素材6"图片（图片35和图片37），调整两张图片的位置如图5-41所示（两图片的中心位置完全重叠在直线连接符19和28的交点）。

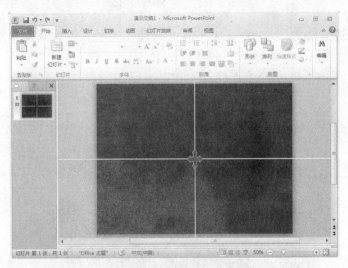

图5-41　插入两个素材6（图片35和图片37）效果图

② 分别选中图片35和图片37两张图片，为其添加"淡出"和"出现"进入效果，效果选项如表5-7所示，设置后的效果如图5-42所示。

表5-7　　　　　　　　"素材6"（图片35和图片37）动画效果选项

图片名称	动画效果	开始	延迟	期间	重复
图片35	淡出（进入效果）	上一个动画之后	0秒	快速（1秒）	无
图片37	出现（进入效果）	上一个动画之后	0秒	无	无

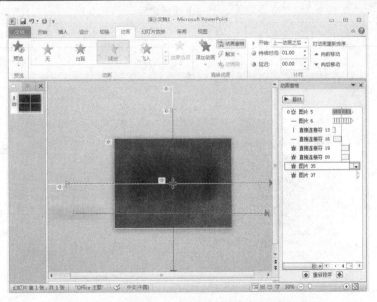

图5-42　设置图片（35和37）动画效果效果图

（8）为图片 35 和图片 37 两张图片添加自定义直线动作路径。

① 选中图片 35，选择"动画"主选项卡的"高级动画"功能区，单击"添加动画"的下拉箭头，在下拉列表中选择"其他动作路径"命令，在"添加动作路径"对话框中选择"向下"动作路径，调整动作路径结束位置（使其动作路径斜向下），如图 5-43 所示。

② 通过上述方法为图片 37 添加"向上"动作路径，调整其动作路径结束位置（使其动作路径斜向上），如图 5-43 所示。

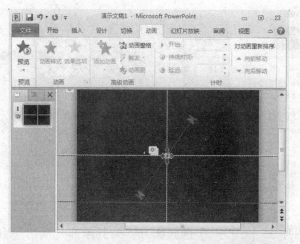

图 5-43　为图片（35 和 37）添加自定义直线动作路径

③ 分别选中图片 35 和图片 37 两张图片，再分别设置其自定义动作路径效果选项，如表 5-8 所示，设置后的效果如图 5-44 所示。

表 5-8　　　　　　　　"素材 6"（图片 35 和图片 37）自定义路径效果选项

图片名称	动画效果	开始	延迟	期间	重复
图片 35	斜下（自定义直线）	上一个动画之后	0 秒	1.5 秒	无
图片 37	斜上（自定义直线）	与上一个动画同时	0 秒	1.5 秒	无

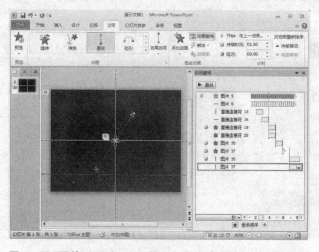

图 5-44　图片（35 和 37）自定义直线动作路径效果选项图

（9）为直线连接符（19 和 28）添加斜向下自定义直线路径，并设置动画效果选项。

① 选中直线连接符 19，添加"向下"自定义直线动作路径，调整其动作路径和图片 35 动作路径完全重合（开始位置和结束位置完全和图片 35 自定义直线路径一样）。

② 选中直线连接符 28，添加"向下"自定义直线动作路径，调整其动作路径和图片 35 动作路径完全重合（开始位置和结束位置完全和图片 35 自定义直线路径一样）。

③ 在"动画窗格"列表框中分别单击直线连接符 19 和直线连接符 28 自定义直线动作路径，设置效果选项如表 5-9 所示，设置后的效果如图 5-45 所示。

表 5-9　　　　　"直线"（直线连接符 19 和直线连接符 28）动画效果选项

直线名称	动画效果	开始	延迟	期间	重复
直线连接符 19	斜向下（自定义直线）	与上一个动画同时	0 秒	1.5 秒	无
直线连接符 28	斜向下（自定义直线）	与上一个动画同时	0 秒	1.5 秒	无

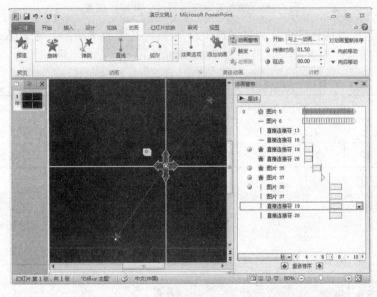

图 5-45　直线连接符（19 和 28）自定义直线动作路径效果选项图

操作提示：此时三个斜向下的动作路径完全重叠，从表面上看像只有一个动作路径，其实是三个动作路径完全重叠。路径的重叠、素材的重叠、路径和素材的重叠都经常在 PPT 动画设计中应用。

（10）插入两根"直线"形状，设置其样式格式，并添加"淡出"进入动画效果。

① 插入两根"直线"（直线连接符 9 和直线连接符 17）形状，设置线条颜色为"白色"，线条粗细为"3 磅"，调整其位置如图 5-46 所示（两直线连接符交点和图片 37 动作路径结束位置重合）。

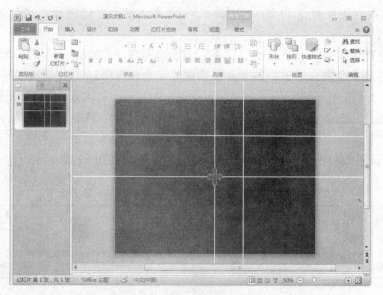

图 5-46　插入直线连接符（9 和 17）位置

②分别选中直线连接符 9 和直线连接符 17，为其添加"淡出"进入效果，效果选项如表 5-10 所示，设置后的效果如图 5-47 所示。

表 5-10　　　"直线"（直线连接符 9 和直线连接符 17）动画效果选项

直线名称	动画效果	开始	延迟	期间	重复
直线连接符 9	淡出（进入效果）	与上一个动画同时	0 秒	1.5 秒	无
直线连接符 17	淡出（进入效果）	与上一个动画同时	0 秒	1.5 秒	无

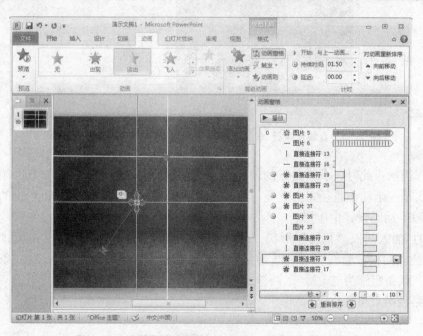

图 5-47　设置直线连接符（9 和 17）"淡出"效果图

（11）插入"素材7"，添加"淡出"进入效果，设置效果选项。

① 插入"素材7"（图片18），调整其位置如图5-48所示（图片18上边框和直线连接符9重叠，右边框和直线连接符17重叠，图片18左下角顶点和图片35直线动作路径结束位置重叠）。

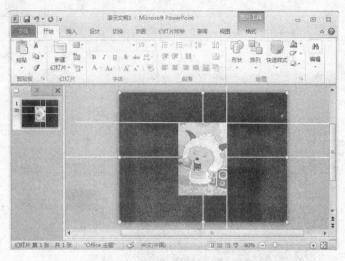

图5-48　插入"素材7"，调整图片大小和位置

② 选中素材7（图片18），为其添加"淡出"进入效果，效果选项设置如表5-11所示，设置后的效果如图5-49所示。

表5-11　　　　　　　　　　　　"素材7"（图片18）动画效果选项

图片名称	动画效果	开始	延迟	期间	重复
图片18	淡出（进入效果）	与上一个动画同时	0.5秒	1秒	无

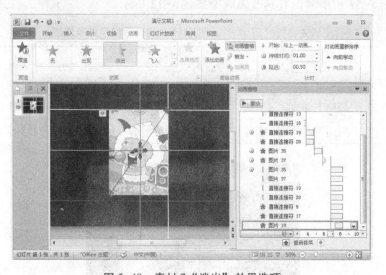

图5-49　素材7"淡出"效果选项

（12）为"素材7"添加"消失"退出效果，设置效果选项。选中素材7（图片18），选择"动画"主选项卡的"高级动画"功能区，单击"添加动画"的下拉箭头，

选择"更多退出效果"命令，在"添加退出效果"对话框中，选择"消失"退出效果选项，效果选项设置如表5-12所示，设置后的效果如图5-50所示。

表5-12　　　　　　　"素材7"（图片18）"消失"退出效果选项

图片名称	动画效果	开始	延迟	期间	重复
图片18	消失（退出效果）	上一个动画之后	1秒	无	无

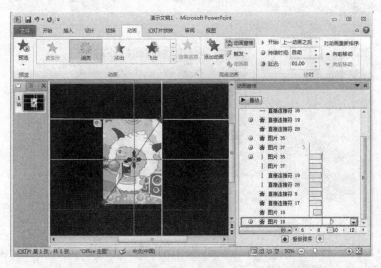

图5-50　素材7"消失"退出效果选项

（13）为直线连接符（17和9）、图片37添加"向下"直线动作路径，设置效果选项。

① 选中直线连接符17，添加"向下"自定义直线动作路径，调整其动作路径（斜向下）如图5-51所示，设置其效果选项如表5-13所示。

表5-13　　　　　直线连接符（17和9）、图片37直线动作路径效果选项

素材名称	动画效果	开始	延迟	期间	重复
直线连接符9	斜向下（自定义直线）	上一个动画之后	0秒	1.5秒	无
直线连接符17	斜向下（自定义直线）	与上一个动画同时	0秒	1.5秒	无
图片37	斜向下（自定义直线）	与上一个动画同时	0秒	1.5秒	无

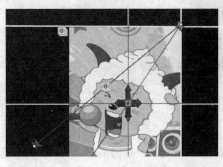

图5-51　直线连接符（17和9）、图片37动作路径（三条路径完全重叠）

② 选中直线连接符 9，添加"向下"自定义直线动作路径，调整其动作路径和直线连接符 17"斜向下"直线动作路径重叠，设置其效果选项如表 5-13 所示。

③ 选中图片 37，添加"向下"自定义直线动作路径，调整其动作路径和直线连接符 17"斜向下"直线动作路径重叠，设置其效果选项如表 5-13 所示。设置完成后，效果如图 5-52 所示。

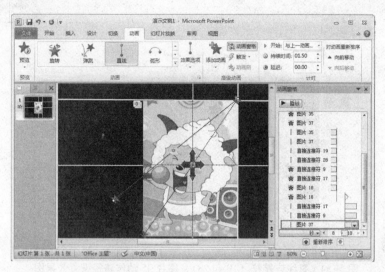

图 5-52　直线连接符（17 和 9）、图片 37 动作路径设置效果图

（14）为直线连接符（19 和 28）、图片 35 添加"向上"直线动作路径，设置效果选项。

① 选中直线连接符 19，添加"向上"自定义直线动作路径，调整其动作路径（斜向上）如图 5-53 所示，设置其效果选项如表 5-14 所示。

表 5-14　　　直线连接符（19 和 28）、图片 35 直线动作路径效果选项

素材名称	动画效果	开始	延迟	期间	重复
直线连接符 19	斜向上（自定义直线）	与上一个动画同时	0 秒	1.5 秒	无
直线连接符 28	斜向上（自定义直线）	与上一个动画同时	0 秒	1.5 秒	无
图片 35	斜向上（自定义直线）	与上一个动画同时	0 秒	1.5 秒	无

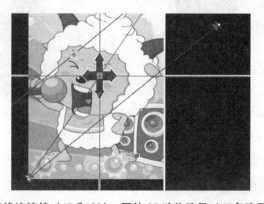

图 5-53　直线连接符（19 和 28）、图片 35 动作路径（三条路径完全重叠）

② 选中直线连接符 28，添加"向上"自定义直线动作路径，调整其动作路径和直线连接符 19"斜向上"直线动作路径重叠，设置其效果选项如表 5-14 所示。

③ 选中图片 35，添加"向上"自定义直线动作路径，调整其动作路径和直线连接符 19"斜向上"直线动作路径重叠，设置其效果选项如表 5-14 所示。设置完成后，效果如图 5-54 所示。

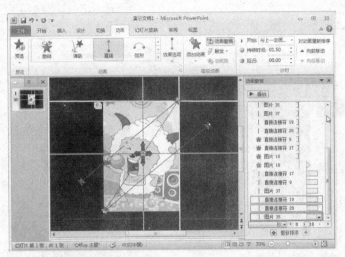

图 5-54 直线连接符（19 和 28）、图片 35 动作路径设置效果图

（15）插入"素材 8"，添加"淡出"进入效果，设置效果选项。

① 插入"素材 8"文件（图片 10），调整其位置如图 5-55 所示（图片 10 右上角和直线连接符 19"斜向上"直线自定义路径的结束位置重叠；图片 10 左下角和直线连接符 17"斜向下"直线自定义路径的结束位置重叠）。

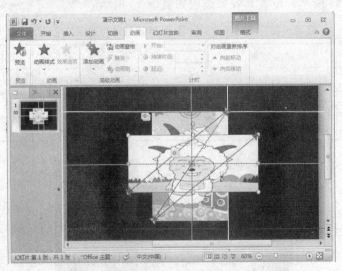

图 5-55 插入"素材 7"，调整图片大小和位置

② 选中素材 8（图片 10），为其添加"淡出"进入效果，效果选项设置如表 5-15 所示，设置后的效果如图 5-56 所示。

表 5-15 　　　　　　　　　　"素材 8"（图片 10）动画效果选项

图片名称	动画效果	开始	延迟	期间	重复
图片 10	淡出（进入效果）	与上一个动画同时	1 秒	1 秒	无

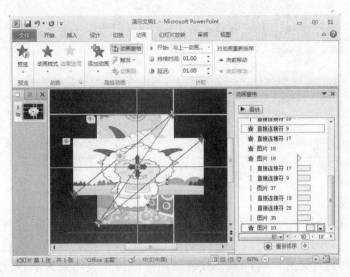

图 5-56　素材 8 "淡出" 效果选项

（16）将演示文稿保存为"神奇的线条变化"视频文件。

① 选择"文件"主选项卡的"保存并发送"项，接着单击"创建视频"按钮，如图 5-57 所示。

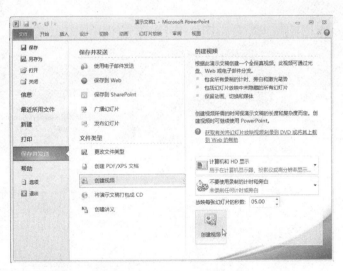

图 5-57　创建视频文件菜单

② 单击"创建视频"按钮，打开"另存为"窗口，在"文件名"文本框中输入"神奇的线条变化"，单击"保存"按钮，PPT2010 开始自动创建视频，如图 5-58 所示。

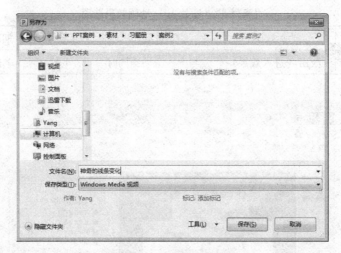

图 5-58   "另存为"窗口

5. 要点提示

动画效果从"计时"开始选项分为三种：单击时、与上一动画同时、上一动画之后。动画的开始时间和结束时间在整体动画顺序中是非常关键的时间点，在动画路径中绿色三角形图标代表开始时间点，红色三角形图标代表结束时间点，这两个时间点可以通过鼠标拖动进行调节其开始和结束动画位置。动画的类型分为四种：进入、强调、退出、自定义路径动画，其中自定义路径动画可以模拟进入、强调、退出动画操作，它也是复杂绚丽动画效果应用中必不可少的元素。对一个对象设置动画可以设置一个简单的动画，也可以设置不同类型的动画效果。

第6章 多媒体技术基础实验

6.1 知识要点

1. 掌握多媒体及多媒体技术的涵义、多媒体技术的特性。
2. 掌握图像、动画、视频信息的存储和常见多媒体数据文件的格式。
3. 理解多媒体制作软件的作用。
4. 掌握使用 Photoshop 进行平面设计的基本方法。
5. 掌握使用 Flash 进行二维动画设计的基本方法。

6.2 实验内容

1. 使用 Photoshop 7.0 横排文字蒙版工具 <u>T</u>，增强图像的表现力。

2. 使用 Photoshop 7.0 对一幅校园建筑的图片进行修饰和特效处理，使其达到快速飞行的效果。

3. 使用 Flash MX 软件制作一个变形动画，要求实现由圆到三角形，再到正方形、五角星之间的变形转换。

4. 使用 Flash MX 软件制作一个简单的动画，动画中实现电影的滚动字幕效果。

6.2.1 实验任务1：增强图像的表现力

1. 实验目的
(1) 熟悉 Photoshop 的基本功能。
(2) 熟悉 Photoshop 的基本界面。
(3) 熟悉 Photoshop 的基本操作。
2. 实验任务
【实验6-1】学习使用 Photoshop 7.0 横排文字蒙版工具 <u>T</u>，增强图像的表现力。
3. 实验说明
(1) 启动 Photoshop，打开图像文件。
(2) 选择横排文字蒙版工具。
(3) 设置字体的大小、颜色。
(4) 设置文字的效果。

4. 操作方法

（1）选择"文件"菜单中的"打开"命令，出现"打开"对话框。选择并打开校园风光图片文件"光华园．jpg"，如图 6-1 所示。

图 6-1 原图

（2）在工具箱中，右键单击文字工具 T，在弹出的菜单中选择横排文字蒙版工具 T。

（3）在图像窗口的适当位置单击鼠标左键，图像被蒙上一层淡红色，如图 6-2 所示。

图 6-2 使用文字蒙版

（4）在 Photoshop 工作窗口上方出现的文字工具属性栏中，设置字体的大小、颜色，如图 6-3 所示。

图 6-3 文字工具属性栏

（5）在编辑框中输入文字，单击文字工具属性栏上的"确定"按钮 ✔，创建文字选区，如图 6-4 所示。

图 6-4　创建文字选区

（6）新创建的文字选区和其他的选区一样，可以进行各种处理，其效果比单纯使用文字工具丰富得多，这里将用渐变色填充文字选区。

在工具箱中选中渐变工具 ![gradient tool]，则工作窗口上方出现渐变工具属性栏，如图 6-5 所示。在该属性栏中，将颜色设置为蓝色到白色的渐变，渐变方向为从左至右。

图 6-5　渐变工具属性栏

（7）在文字选区的起始位置处按下鼠标左键，拖动至适当位置再放开，如图 6-6 所示。

图 6-6　以渐变色进行填充

（8）选择"选择"菜单中的"取消选择"命令，或按组合键"Ctrl+D"，取消文字选区，其效果如图 6-7 所示。

图 6-7　最终效果

5. 要点提示

（1）Photoshop 具有强大的文字处理工具，利用文字工具组可以制作出千变万化的特效文字。

（2）这组工具包括了横排文字工具 ⊤、直排文字工具 ⊺⊤、横排文字蒙版工具 ⊤ 和直排文字蒙版工具 ⊤。

6.2.2　实验任务 2：实现图片快速飞行

1. 实验目的

（1）掌握使用图层面板新建和设置图层。

（2）掌握图层间的操作方法。

（3）熟悉使用滤镜增加模糊效果。

2. 实验任务

【实验 6-2】使用 Photoshop 对一幅校园建筑的图片进行修饰和特效处理，使其达到快速飞行的效果。

3. 实验说明

（1）启动 Photoshop，打开图像文件。

（2）使用图层面板新建和设置图层。

（3）图层间操作。

（4）使用滤镜增加模糊效果。

（5）图像保存。

4. 操作方法

（1）选择"文件"菜单中的"打开"命令，出现"打开"对话框，选择校园建筑图片文件"光华楼 . jpg"，如图 6-8 所示。

图 6-8　原图

（2）打开该图片，此时图片作为背景出现在图层面板中，如图 6-9 所示。

图 6-9　图层面板

（3）选择"图层"菜单中的"新建"命令，接着选择"从图层背景"选项，打开"新图层"对话框，如图 6-10 所示。

图 6-10　"新图层"对话框

（4）将其名称取名为"图层 1"，单击"好"按钮，背景图层建立完成。此时，图层面板如图 6-11 所示。

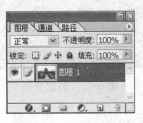

图 6-11　背景图层

（5）选择"图层"菜单中的"新建"命令，接着选择"图层"选项，打开"新图层"对话框，命名新图层为"图层 2"，即为新增加的两座校园建筑所在的图层。

（6）选择"图层"菜单中的"新建"命令，接着选择"图层"选项，打开"新图层"对话框，命名新图层为"图层3"，即将来用来突出主建筑的图层。

（7）复制两座建筑。这里要使用一个重要的工具，即仿制图章工具 🔲，它能将想要仿制的对象"复制"到任何图层或其他图片上。图章工具的用法：选择工具栏中的图章工具，并在复制图像处按住 Alt 键，图章工具由圆圈变成 ⊕，即可定义要仿制的对象。

（8）在图层面板中选中"图层1"，选择工具栏中的图章工具 🔲。将光标移动到"图层1"建筑的顶部处，按住 Alt 键，这时图章工具由圆圈变成 ⊕，按下鼠标左键，如图6-12所示，即为仿制对象定义一个起始点；在图层面板中选中刚才新建的"图层2"，在想要放置建筑的位置按下鼠标左键不放，屏幕上同时出现一个十字标记和一个圆圈。十字代表要仿制的对象，圆圈代表仿制对象所要"复制"的位置。

图 6-12　仿制操作

（9）一直拖动鼠标，使十字经过需要仿制的对象，在圆圈处"复制"出该图像，即可出现一座仿制的建筑，如图6-13所示。

图 6-13　建筑复制

（10）按照前面的方法，在"图层2"上再仿制一座建筑，并分别放在建筑的两侧，复制后的效果如图6-14所示。

图 6-14 复制后效果

（11）右键单击工具箱中的选框工具 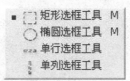，弹出的菜单如图 6-15 所示，单击"椭圆选框工具"选项。

- ▪ ⬚ 矩形选框工具 M
  ○ 椭圆选框工具 M
  ⚏ 单行选框工具
  ⚏ 单列选框工具

图 6-15 选框工具

（12）用鼠标在"图层1"中的主建筑部分进行拖动，直到选中"图层1"中的主建筑，如图 6-16 所示。注意：一定要在"图层1"中操作，否则看不到效果。

图 6-16 创建主建筑选区

（13）按组合键"Ctrl+C"，复制刚才选中的建筑。在新建的"图层3"中，按快捷键"Ctrl+V"，则将复制的主建筑粘贴至"图层3"。这样做是为了以后不对中间的那座建筑作任何处理，以便突出主建筑物。

（14）使用滤镜增加模糊效果。分别对"图层1"、"图层2"进行径向模糊处理。在图层面板中，选中"图层1"或"图层2"，如图 6-17 所示。

图 6-17　图层选择

（15）选择"滤镜"菜单中的"模糊"命令，接着选择"径向模糊"选项，打开"径向模糊"对话框，如图 6-18 所示。

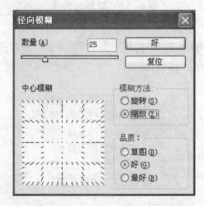

图 6-18　"径向模糊"对话框

（16）把数量设置在 25 左右，模糊方法选择"缩放"，单击"好"按钮，一幅快速飞行的作品就此完成，非常具有视觉冲击力，整体效果如图 6-19 所示。

图 6-19　整体效果图

（17）图像保存。选择"文件"菜单中的"存储为"命令，打开"存储为"对话框，如图 6-20 所示。在"格式"下拉列表中，选择保存格式，按指定的格式保存图像文件。

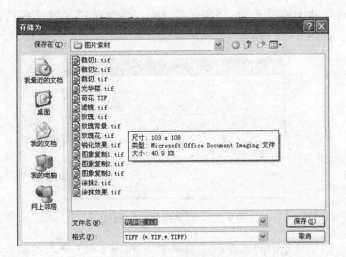

图 6-20　整体效果图

分别将文件保存为 TIFF 格式和 JPG 格式。仔细对比保存下来的这两个文件，可以发现 JPG 文件的大小远小于 TIFF 文件，但图像质量也差于 TIFF 文件。

5. 要点提示

（1）无论是局部图像的选定，还是对图像实施滤镜操作，一定要针对特定的图层。

（2）不同的图层，具有的图像可能完全不同。因此，在考虑进行图像处理时，一定要弄清楚该图像所位于的图层。

（3）进行图像处理前，必须先在图层面板中选中图像所在图层。

6.2.3　实验任务 3：制作变形动画

1. 实验目的

（1）熟悉 Flash 的基本功能。

（2）熟悉 Flash 的基本界面。

（3）熟悉 Flash 的基本操作。

2. 实验任务

【实验 6-3】使用 Flash MX 软件制作一个变形动画，要求实现由圆到三角形，再到正方形、五角星之间的变形转换。

3. 实验说明

（1）启动 Flash 程序，新建一个 Flash 文件。

（2）使用绘图工具箱中的填充色工具。

（3）使用工具箱中的画图工具。

（4）插入一个空白关键帧。

（5）设置变化参数。

（6）预览动画效果。

（7）保存文件。

4. 操作方法

（1）新建一个 Falsh 文件，选择"修改"菜单中的"文档"命令，打开"文档属性"对话框,将尺寸大小设置为"550px×400px(宽×高)",背景颜色设为"蓝色",帧频设为"6",如图 6-22 所示。

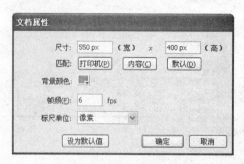

图 6-22 "文档属性"属性

(2)单击绘图工具箱中的填充色工具 🔵 ▨,在图 6-23 所示的调色板中选择黑白径向渐变色。

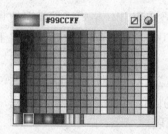

图 6-23 填充色定义图

(3)在工具箱中选择椭圆工具○,按住 Shift 键,在舞台上绘制出一个无边框的圆,如图 6-24 所示。

图 6-24 绘制一个无边框的圆

(4)在时间轴上单击第 10 帧,然后选择"插入"菜单中的"时间轴"命令,再选择"空白关键帧"选项,插入一个空白关键帧。

(5)选择矩形工具□,按住 Shift 键,绘制一个无边框的正方形,如图 6-25 所示。

图 6-25 绘制一个无边框的矩形

（6）在工具箱中的矩形工具▢上，按下鼠标左键并向下拖动，在弹出的菜单中选择多角星形工具。设置工作窗口下方出现的星形工具属性栏，如图6-26所示。

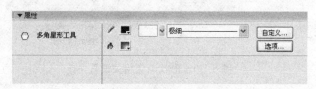

图 6-26　多角星形工具属性栏

（7）单击"选项"按钮，打开"工具设置"对话框，如图6-27所示。设置不同的参数，则多角星形样式也不同。

图 6-27　星形工具设置

（8）在第20帧处插入空白关键帧，使用多角星形工具绘制7角星形图形，如图6-28所示。

图 6-28　7角星形图形

（9）在第30帧处插入空白关键帧，使用多角星形工具绘制出5角星形图形，如图6-29所示。

图 6-29　5角星形图形

（10）调整各关键帧中图形的位置。单击第1帧，打开"帧"属性面板，在"补间"下拉列表中选择"形状"，然后将第7、第20、第30帧都进行此项操作，如图6-30所示。

图 6-30　形状渐变相关设置

（11）其中，"简易"决定动画从开始到结束播放的速度，可用来创建加速或减速播放的效果。"混合"用于选择"形状"渐变中的混合方式，包括分布式和角度式。各帧操作完成后，时间轴如图 6-31 所示。

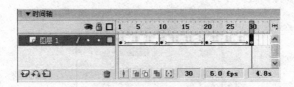

图 6-31　时间轴

（12）选择"控制"菜单中的"测试影片"命令，测试预览动画效果。

（13）保存文件，将文件命名为"形状渐变 . fla"。

（14）选择"文件"菜单中的"发布设置"命令，发布 Flash 动画。在"格式"选项卡中选择 Flash、HTML，如图 6-32 所示。单击"发布"按钮，完成文件的发布工作，将生成"形状渐变 . swf"、"形状渐变 . html"。在安装有 Flash Player 软件的机器上，双击这两个文件，均可观看动画效果。

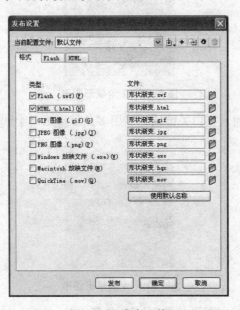

图 6-32　发布文件

5. 要点提示

（1）理解动画中的"帧"的概念。

（2）掌握动画制作的基本操作。

6.2.4　实验任务 4：实现电影的滚动字幕效果

1. 实验目的

（1）掌握导入图像和音频的方法。

（2）掌握关键帧的设置方法。

（3）掌握音乐与动画同步的设置方法。

2. 实验任务

【实验 6-4】使用 Flash MX 软件制作一个简单的动画，动画中实现电影的滚动字幕效果。

3. 实验说明

（1）启动 Flash 程序，创建一个新电影。

（2）导入图像。

（3）添加图层，并输入字幕。

（4）插入关键帧。

（5）创建补间动画。

（6）取消缩放。

（7）导入音频。

（8）添加图层，并用来播放音乐。

（9）设置音乐与动画同步。

（10）浏览电影播放效果。

4. 操作方法

（1）选择“文件”菜单中的“新建”命令，创建一个新电影。选择“修改”菜单中的“影片”命令，打开“文档属性”对话框，如图 6-33 所示。设置工作区宽度为 250px，高度为 150px，设置完毕，单击“确定”按钮。

图 6-33　“文档属性”对话框

（2）选择“文件”菜单中的“导入”命令，再选择“导入到舞台”选项，打开“导入”对话框，如图 6-34 所示。

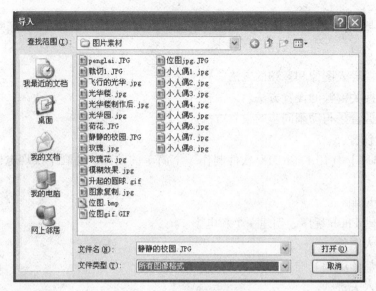

图 6-34　"导入"对话框

（3）从对话框中，选择用于填充文字的图片名称"静静的校园.jpg"，单击"打开"按钮，将该图片导入到工作区中。导入后，此图片位于"图层 1"。

（4）单击图层区域中的"添加图层"按钮 🗊，添加"图层 2"，如图 6-35 所示。该图层专门用来制作字幕。

图 6-35　新建图层 2

（5）选择工具箱中的文本工具图标 **A**，在工作区域中单击鼠标，在出现的编辑框中输入文字"春天来到静静的校园"。也可以通过工作窗口下部的属性栏，调整字体的类型和大小，如图 6-36 所示。

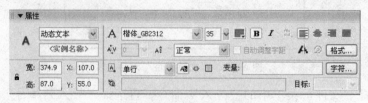

图 6-36　文字属性调整

（6）选择工具栏中的箭头工具 🖢，选中文字，将其移动到工作区中间，如图 6-37 所示。

图 6-37　文字属性调整

（7）选中"图层 1"的第 30 帧，单击鼠标右键，在弹出的菜单中选择"插入关键帧"命令。选中"图层 2"的第 30 帧，单击鼠标右键，在弹出的菜单中选择"插入帧"命令，如图 6-38 所示。

图 6-38　插入帧操作

（8）选中"图层 1"的第 30 帧，使用工具栏中的箭头工具，将图片拖动到如图 6-39 所示的位置。

图 6-39　拖动后的效果

（9）选中"图层 1"的第 1 帧，单击鼠标右键。在弹出的菜单中选择"创建补间动画"命令，表示图片将从第 1 帧的位置移动到第 30 帧的位置，此时，时间轴如图 6-40 所示。

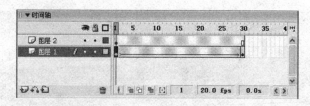

图 6-40　创建补间动画

（10）为了更好地模拟电影缓慢播放的效果，在帧属性窗口中取消缩放选项，如图 6-41 所示。

图 6-41　取消缩放

（11）选择"文件"菜单中的"导入"命令，接着选择"导入到舞台"选项，打开"导入"对话框，选择需要导入的 .MP3 或 .WAV 文件，并导入到工作区中，如图 6-42 所示。

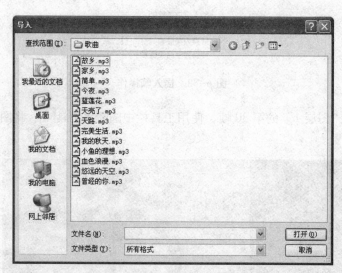

图 6-42　"导入"对话框

（12）单击图层区域中的"添加图层"按钮，添加一个新的图层，如图 6-43 所示。该图层专门用来播放音乐。

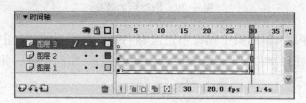

图 6-43　新增一个层

（13）选择"图层3"的第1帧，右键单击该帧，在弹出的菜单中选择"插入关键帧"命令，将该帧设置为关键帧。然后，在帧属性面板中设置声音相关属性，如图6-44所示。在帧属性面板中的"声音"下拉列表中，选择已导入到工作区的音乐文件名；在"同步"下拉列表中，设置同步方式为"数据流"，使音乐与动画同步，当动画播放完毕，音乐停止播放。当帧属性面板设置完成后，音乐已加入到动画中。

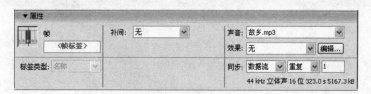

图6-44　设定动画声音

（14）选择"控制"菜单中的"测试影片"命令，打开播放器窗口，可以看到文字"春天来到静静的校园"产生播放电影的效果，并且音乐同步响起。

（15）选择"文件"菜单中的"发布设置"命令，发布Flash动画。

5．要点提示

（1）导入图像和音频。

（2）设置关键帧。

（3）设置音乐与动画同步。

第7章 计算机网络基础实验

7.1 知识要点

1. 计算机网络相关知识。
2. 计算机网络体系结构。
3. 计算机网络应用。

7.2 实验内容

1. 基于 Windows 7 环境下的文件共享。
2. IIS 服务器设置。
3. FTP 服务器设置。
4. 使用 Dreamwaver CS5 制作网页。

7.2.1 实验任务 1：Windows 7 环境下的文件共享

1. 实验目的

（1）掌握在 Windows 7 环境下的文件共享方法。

（2）设置共享文件权限。

2. 实验任务

【实验 7-1】在 Windows 7 系统中实现文件共享。

3. 实验说明

（1）计算机中安装有 Windows 7 操作系统。

（2）正常连接网络配置。

4. 操作方法

（1）同步工作组。不管使用的是什么版本的 Windows 操作系统，首先要保证联网的各计算机的工作组名称一致。为了查看或更改计算机的工作组、计算机名等信息，右键单击"计算机"图标，在弹出的菜单中选择"属性"命令，如图 7-1 所示。

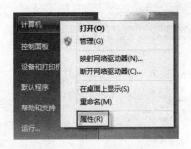

图 7-1　计算机属性设置

（2）若相关信息需要更改，在"计算机名称、域和工作组设置"一栏，单击"更改设置"按钮，如图 7-2 所示。

图 7-2　更改设置

（3）在"系统属性"对话框中，选择"计算机名"选项卡，单击"更改"按钮，如图 7-3 所示。

图 7-3　"系统属性"对话框

（4）在"计算机名/域更改"对话框中，输入计算机名/工作组名，例如 EeeKB-PC，单击"确定"按钮，如图 7-4 所示。

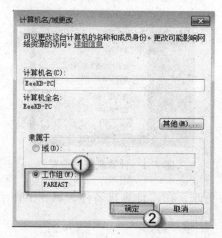

图 7-4 "计算机名/域更改"对话框

（5）重启计算机，使更改生效。

（6）更改 Windows 7 的相关设置。依次打开"控制面板"、"网络和 Internet"、"网络和共享中心"，选择"更改高级共享设置"项，如图 7-5 所示。

图 7-5 更改网络设置

（7）启用"网络发现"、"文件和打印机共享"、"公用文件夹共享"，而"密码保护的共享"项，选中"关闭密码保护共享"项，如图 7-6 所示。注意：媒体流最好也打开。对于"家庭组连接"项，建议选择"允许 Windows 管理家庭组连接（推荐）"。

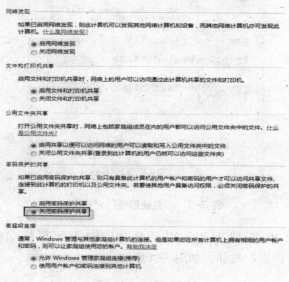

图 7-6 共享设置

（8）共享对象设置。如果需要共享某些特定的 Windows 7 文件夹，右键单击此文件夹，在弹出的菜单中，选择"属性"命令，如图 7-7 所示。

图 7-7　文件属性

（9）在"share test 属性"对话框中，选择"共享"选项卡，如图 7-8 所示。

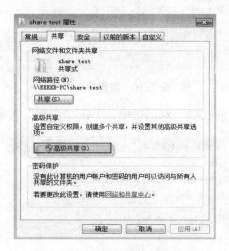

图 7-8　"share test 属性"对话框

（10）单击"高级共享"按钮，打开"高级共享"对话框，勾选"共享此文件夹"项，单击"应用"按钮，然后单击"确定"按钮，如图 7-9 所示。

图 7-9　"高级共享"对话框

（11）如果某文件夹被设为共享，它的所有子文件夹将默认被设置为共享。在前面，已经关闭了密码保护共享，所以现在要来对共享文件夹的安全权限进行更改。右键单击需要共享的文件夹，在弹出的菜单中，选择"属性"命令，打开"share test 属性"对话框，选择"安全"选项卡，单击"编辑"按钮，如图 7-10 所示。

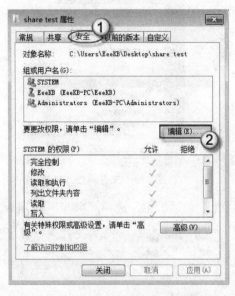

图 7-10　属性安全页

（12）在"share test 的权限"对话框中，单击"添加"按钮，如图 7-11 所示。

图 7-11　添加访问权限

（13）在"选择用户或组"对话框的"输入对象名称来选择"中，输入"Everyone"，单击"确定"按钮，返回"share test 的权限"对话框，如图 7-12 所示。

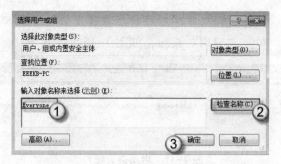

图 7-12　添加 Everyone 组

（14）在"share test 的权限"对话框中，选中"Everyone"，然后在其权限选择栏内，勾选需要赋予 Everyone 的相应权限，如图 7-13 所示。

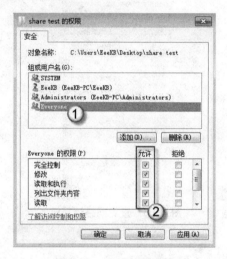

图 7-13　详细权限设置

（15）设置防火墙，并启用来宾账户。依次打开"控制面板"、"系统和安全"、"Windows 防火墙"，检查防火墙设置，确保"文件和打印机共享"为允许状态，如图7-14 所示。

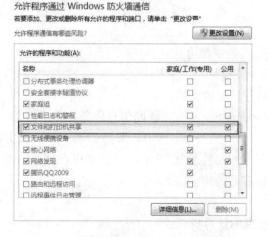

图 7-14　防火墙设置

（16）依次打开"控制面板"、"用户账户及家庭安全"、"用户账户"、"管理其他账户"、"来宾账户"，单击"启用"按钮，如图 7-15 所示。

图 7-15 启用来宾账户

（17）查看共享文件。依次打开"控制面板"、"网络和 Internet"、"查看网络计算机和设备"，如图 7-16 所示。

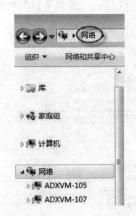

图 7-16 查看网络计算机

5. 要点提示

（1）确保工作组一致。

（2）启用来宾账号。

（3）防火墙配置设置允许文件和打印共享。

7.2.2 实验任务 2：IIS 服务器设置

1. 实验目的

（1）掌握 IIS 服务器的基本设置方法。

（2）了解网站服务器的工作方式。

2. 实验任务

【实验 7-2】IIS 服务器配置实验。

IIS（Internet Information Server，互联网信息服务）是一种 Web（网页）服务组件，其中包括 Web 服务器、FTP 服务器、NNTP 服务器和 SMTP 服务器，分别用于网页浏览、文件传输、新闻服务和邮件发送等方面，它使得在网络（包括互联网和局域网）上发布信息成了一件很容易的事。

3. 实验说明

（1）安装好 IIS 组件的计算机。

（2）网络连接正常。

4. 操作方法

（1）打开 IIS 管理窗口。依次打开"控制面板"、"管理工具"、"Internet 信息服务"，如计算机上已安装 IIS，则出现如图 7-17 所示的界面。

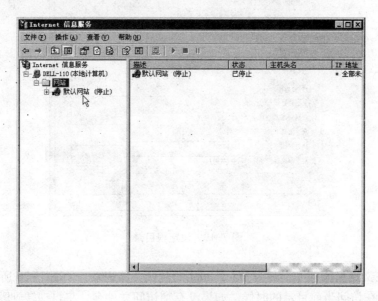

图 7-17　IIS 管理器

（2）修改网站属性，如图 7-18 所示。

图 7-18　修改网站属性

（3）配置本地目录及主文档。指定服务器的本地路径为网站目录，如图 7-19 所示。

第 7 章　计算机网络基础实验

161

图 7-19 设定根目录

（4）在文档里添加一个名为 index. html 的默认文档记录，如图 7-20 所示。默认文档是浏览器在访问当前目录的时候，如果没有加访问文件名，将自动转到默认文档。

图 7-20 指定主文档

（5）右键单击"默认网站"，在弹出的菜单中，选择"启动"命令，启动 IIS 服务器，如图 7-21 所示。

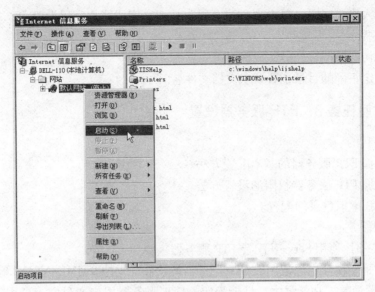

图 7-21　启动服务器

（6）启动 IIS 服务器后，即可在浏览器里输入地址，查看网页，如图 7-22 所示。其中，localhost 表示本机地址，也可以填写真实 IP 地址来进行访问。

图 7-22　访问页面

（7）输入账户密码，单击"创建密码"按钮，完成账户密码设置。

5. 要点提示

（1）所访问的网页已经完成好。

（2）指定正确的目录位置及主文档文件名。

7.2.3 实验任务 3：FTP 服务器设置

1. 实验目的

（1）掌握 FTP 服务器的基本配置方法。

（2）掌握 FTP 服务器权限的设置方法。

（3）FTP 虚拟目录的配置。

2. 实验任务

【实验 7-3】使用 Serv-U 配置 FTP 服务器。

Serv-U 是一种被广泛运用的 FTP 服务器端软件，支持 9x/ME/NT/2K 等全 Windows 系列，它设置简单，功能强大，性能稳定。FTP 服务器用户通过它，可用 FTP 协议在 Internet 上共享文件。它并不是简单地提供文件的下载，还为用户的系统安全提供全面保护。

3. 实验说明

（1）计算机中的操作系统正常运行，建议安装服务器版本的操作系统。

（2）网络连接正常。

（3）已安装 Serv-U 软件。

4. 操作方法

（1）安装并运行 Serv-U 程序，启动后，Serv-U 程序界面如图 7-23 所示。

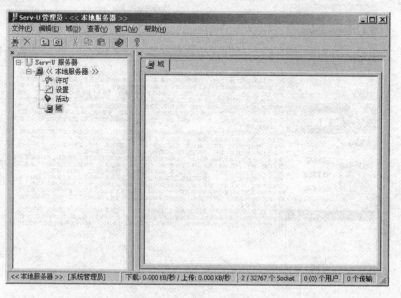

图 7-23　Serv-U 窗口

（2）右键单击"《本地服务器》"，选择"域"、"新建域"，打开"添加新建域"对话框，输入服务器的 IP 地址，单击"下一步"按钮，如图 7-24 所示。

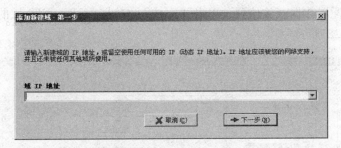

图 7-24　输入 IP 地址

（3）输入域名，如 bbs.kaibi.com.cn，单击"下一步"按钮，如图 7-25 所示。注意：此域名必须是能够让别人访问你的域名，也就是指向服务器的 IP 地址的，如果不打算让别人通过域名访问服务器，而是通过刚才设置的 IP 地址的话，则可以随便设置。

图 7-25　输入域名

（4）输入域端口号，单击"下一步"按钮，如图 7-26 所示。默认端口号为 21，用户也可以定义为其他端口号。

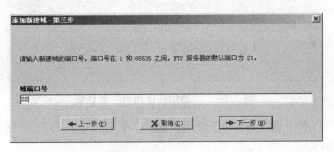

图 7-26　输入 FTP 端口

（5）设置存储域信息的方式，在"域类型"列表框中选择域类型"存储于 .INI 文件"，如图 7-27 所示。

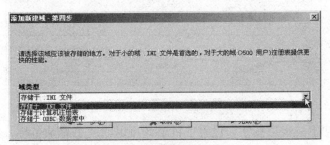

图 7-27　配置存储配置

（6）选择配置数据存放位置，单击"完成"按钮，于是，FTP 域的基本信息设置完毕，如图 7-28 所示。

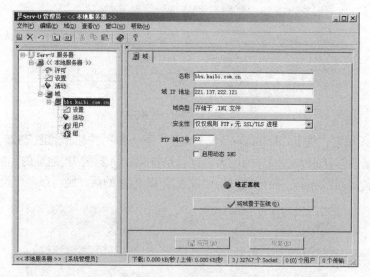

图 7-28　完成基本配置

（7）设置用户信息。右键单击用户，选择"添加用户"，打开"添加新建用户"对话框，如图 7-29 所示。

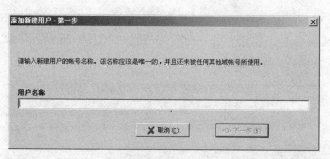

图 7-29　"添加新建用户"对话框

（8）输入用户名（即 FTP 的登录用户名），单击"下一步"按钮，接着输入用户密码，如图 7-30 所示。

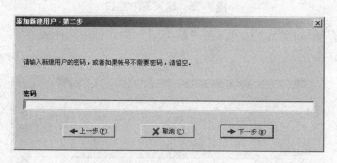

图 7-30　设置用户密码

（9）单击"下一步"按钮，设置主目录（可以输入主目录名称，也可以点击文本框右边的按钮来浏览并选择主目录），即该用户正确输入 FTP 信息后登录所能见到的文件的所在目录，如图 7-31 所示。

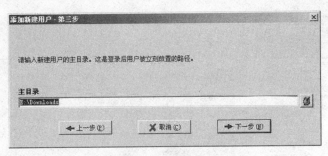

图 7-31　设置主目录

（10）单击"下一步"按钮，进入是否锁定用户主目录对话框，如图 7-32 所示。

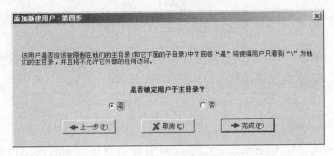

图 7-32　锁定主目录

这里，如果选"是"，该用户登录后，只能流览刚才设置的目录的内容；如果选"否"，则该用户登录后，在流览刚才所见目录的同时，还可以通过切换目录流览其他目录。

（11）进行用户详细设置。用户详细设置界面如图 7-33 所示。在此页面，可以设置是否启用或禁用账号，也可以更改用户主目录或更改用户密码。

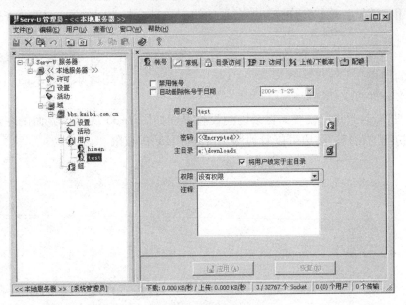

图 7-33　账号页设置

（12）进行常规设置。常规页面设置如图 7-34 所示。

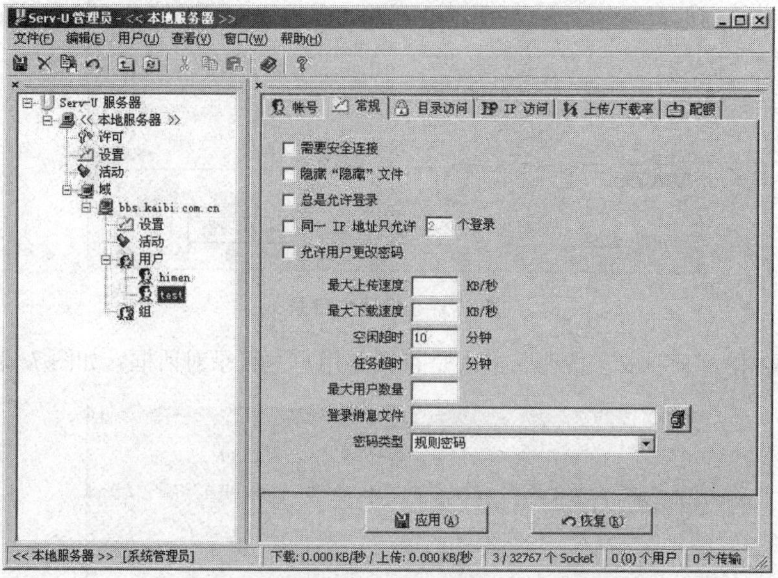

图 7-34　账号常规设置

隐藏"隐藏"文件：用户登录后，将无法看到目录属性为隐藏的目录。

总是允许登录：当服务器设置了连接上限，没有此权限的用户将无法再登录 FTP。

同一 IP 地址只允许 n 个登录：该用户从同一 IP 允许登录的线程数。

最大上传速度：设置允许的最大上传速度。

最大下载速度：设置允许的最大下载速度。

空闲超时：设置用户登录后空闲多少时间自动掉出连接。

任务超时：用户下载（上传）文档多少时间后自动掉出连接。

最大用户数量：总共允许连到服务器的线程数量，与前面的同一 IP 允许登录数不一样。

例如，用户 user 同一 IP 允许登录数为 2，最大用户数量为 40，那么如果每个用此账号登录的用户开 1 线程，最多允许 40 个用户；如果每个用此账号登录的用户开 2 线程，则最多允许 20 个用户。

（13）进行目录访问设置。目录访问设置界面如图 7-35 所示。界面的左边显示此账号允许访问的路径，右边可以看到用户访问此目录的权限。

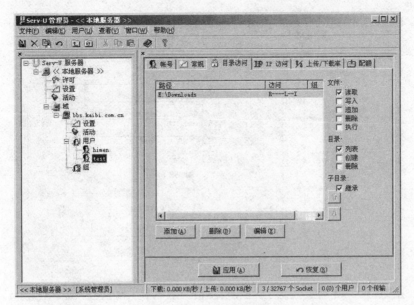

图 7-35　目录访问设置

（14）进行 IP 访问设置。IP 访问设置界面如图 7-36 所示。若选择"拒绝访问"，并输入 IP 地址（允许使用通配符 *），可以禁止某类 IP 地址登录；选择"允许访问"，并输入 IP 地址（允许使用通配符 *），可以限定用户从指定的某类 IP 地址登录。

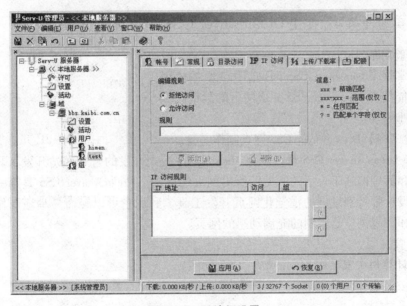

图 7-36　IP 访问设置

（15）启用 FTP 服务。配置完成，将"域"设置为在线状态，以提供 FTP 访问服务，在线状态界面如图 7-37 所示。圆点为绿色，说明域正在线上；若圆点为红色，则为离线状态。

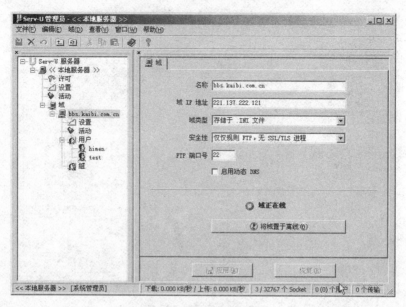

图 6-37   将域置于在线

5. 要点提示

(1) 创建账户时，如果使用 anonymous，则创建匿名访问账户。

(2) 正确设置用户在 FTP 目录中的访问权限。

7.2.4   实验任务 4：使用 Dreamwaver CS5 制作网页

1. 实验目的

(1) 掌握 Dreamwaver CS5 网页制作工具的使用。

(2) 能用 Dreamwaver CS5 完成网页的制作。

2. 实验任务

【实验 7-4】 Dreamwaver CS5 网页制作实验。

Adobe Dreamweaver CS5 是一款由 Macromedia 公司开发的著名网站开发工具，是集网页制作和管理网站于一身的所见即所得网页编辑器。Dreamweaver CS5 是第一套针对专业网页设计师特别发展的视觉化网页开发工具，利用它可以轻而易举地制作出跨越平台限制和跨越浏览器限制的充满动感的网页。

3. 实验说明

(1) 计算机中安装有 Dreamwaver CS5 软件。

(2) 安装常用浏览器。

4. 操作方法

(1) 创建文档。新建空白网页文档，按组合键"Ctrl+J"，打开"页面属性"对话框。在"大小"下拉列表框中选择 12；单击"背景颜色"文本框后的 ▢ 按钮，在颜色列表框中选择"咖啡色（#C1AF6E）"；设置页边距为 0，然后单击"确定"按钮，完成页面属性的设置，如图 7-38 所示。

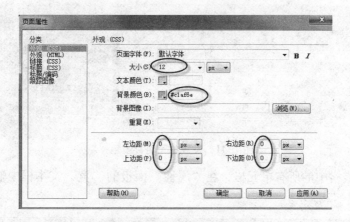

图 7-38 "页面属性"对话框

（2）插入表格。选择"插入"菜单中的"表格"命令，打开"表格"对话框，插入一张 11 行 4 列、宽度为 656 像素的表格，如图 7-39 所示。

图 7-39 表格属性设置

（3）选择表格中的所有单元格，在"属性"面板的"对齐"下拉列表框中，选择"居中对齐"选项，如图 7-40 所示。

图 7-40 表格页面居中对齐

（4）选择表格中的所有单元格，在"属性"面板中单击"背景颜色"按钮，在颜色列表框中选择"白色"，如图 7-41 所示。

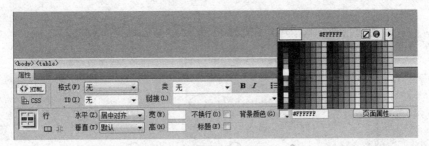

图 7-41 设置单元格背景色

（5）选择表格中的所有单元格，在"属性"面板的"宽"文本框中输入 200 并按回车键，如图 7-42 所示。

图 7-42 设置单元格宽度

（6）调整表格及页面布局。选择表格第 1 行中所有单元格，在"属性"面板中单击 按钮，合并单元格；将光标定位到合并后的单元格中，选择"插入"菜单中的"图像"命令，打开"选择图像源文件"对话框，选择图片 top. jpg。使用同样方法合并第 2 行中所有单元格，插入图片 top02. jpg。

将表格第 1 列第 2 行以下的所有单元格选中，将选中的单元格合并，插入图片 left. jpg，并将光标移动到表格第 1 列的上方，当光标变成 形状时，按住鼠标左键不放，将其向左移动，直到不能移动为止；将表格最右一列第 2 行以下的所有单元格选中，将选中的单元格合并，插入图片 right. jpg，将光标移动到表格第 3 列上方，当光标变成 形状时，按住鼠标左键不放，将其向右移动，直到不能移动为止，如图 7-43 所示。

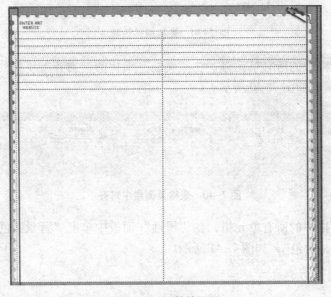

图 7-43 调整的页面

（7）选中第 3 行中空白的所有单元格，并将其合并，插入图像 banner. jpg，将光标定位到插入图片的单元格，在"属性"面板的"水平"下拉列表框中选择"居中对齐"选项，如图 7-44 所示。

图 7-44 插入图片

（8）放入标题图片。选择表格中第 4 行的第 2 个单元格，设置单元格内容左对齐，选择"插入"菜单中的"图像"命令，在弹出的对话框中将图像 menu01. jpg 插入到单元格中；在表格中第 5 行的第 2 个单元格中插入 1 行 4 列的表格，选择插入的表格，在"宽"文本框中输入 200。使用相同的方法在表格第 6 行的第 2 个单元格中插入 1 行 4 列的表格，并设置单元格的宽度为 200，选择表格中第 2 条列线上方，按住鼠标左键不放，将其移动到如图 7-45 所示的位置。

图 7-45 插入表格和图片

（9）放入影片图片。将第 5 行和第 6 行的单元格的"水平"属性设置为"居中对齐"，依次插入图像 movie01. jpg、movie02. jpg、movie03. jpg、movie04. jpg，然后依次在图像下方的单元格中输入"肖申克的救赎"、"阿甘正传"、"勇敢的心"、"费城"，如图 7-46 所示；在第 7 行第 1 列插入图像 menu02. jpg，第 7 行第 2 列中插入图像 menu04. jpg。用同样的方法在第 8 行和第 9 行插入 1 行 4 列的表格，设置表格的宽度为

200,"水平"属性为"居中对齐",依次插入图像 movie05.jpg、movie06.jpg、movie07.jpg、movie08.jpg,在插入图像的相应位置插入文本"大话西游"、"小鬼当家"、"虎口脱险"、"魔法灰姑娘";将第 8 行右边第 2 列单元格的"垂直"属性设置为"顶端",并在单元格中插入 3 行 1 列的表格,表格宽度百分比为 100。

图 7-46　添加影片信息

（10）插入观后感。在表格在第 10 行第 1 列插入图像 menu03.jpg,第 10 行第 2 列中插入图像 menu05.jpg;在"电影观后感"图像下方输入"××观后感";设置表格第 11 行右边第 2 列单元格的"水平"属性为"顶端",插入 2 行 2 列的表格,设置其单元格"宽度"为 200,"水平"属性"居中对齐";在表格中依次插入图像 movie09.jpg、movie10.jpg,并在相应的位置输入文本"泰坦尼克号"和"缘分天空",如图 7-47 所示。

图 7-47　加入观后感

（11）将光标定位到插入表格的外部，选择"插入"菜单中的"表格"命令，在"表格"对话框中，设置插入表格属性为"1 行 1 列"，宽度为 656 像素，其他属性为 0，设置表格为居中对齐，在表格内插入图像 bottom. jpg。

（12）选择"文件"菜单中的"另存为"命令，在弹出的对话框中将文档保存为 index. html，按 F12 键，预览网页效果。

5. 要点提示

（1）图片大小要和页面布局相适应。

（2）在制作过程中，可以通过浏览器不断查看结果，并进行调整。

参考文献

1. 匡松，李自力，康立. 大学计算机实验教程［M］. 成都：西南财经大学出版社，2013.

2. 卢湘鸿. 计算机应用教程［M］. 6 版. 北京：清华大学出版社，2010.

3. 匡松，梁庆龙. 大学计算机基础［M］. 成都：西南财经大学出版社，2007.

图书在版编目(CIP)数据

大学 MS Office 高级应用实践教程/匡松主编 . 一成都:西南财经大学出版社,2014. 1(2015. 12 重印)

ISBN 978 - 7 - 5504 - 1300 - 9

Ⅰ.①大…　Ⅱ.①匡…　Ⅲ.①办公自动化—应用软件—高等学校—教材　Ⅳ.①TP317.1

中国版本图书馆 CIP 数据核字(2013)第 303955 号

大学 MS Office 高级应用实践教程

主　编:匡　松　何志国　王　超　刘洋洋
副主编:鄢　莉　何春燕　邹承俊　王　勇

策划组稿:李玉斗
责任编辑:邓克虎
封面设计:何东琳设计工作室
责任印制:封俊川

出版发行	西南财经大学出版社(四川省成都市光华村街 55 号)
网　址	http://www. bookcj. com
电子邮件	bookcj@ foxmail. com
邮政编码	610074
电　话	028 - 87353785　87352368
照　排	四川胜翔数码印务设计有限公司
印　刷	四川森林印务有限责任公司
成品尺寸	185mm × 260mm
印　张	11.5
字　数	260 千字
版　次	2014 年 1 月第 1 版
印　次	2015 年 12 月第 2 次印刷
印　数	3001— 6000 册
书　号	ISBN 978 - 7 - 5504 - 1300 - 9
定　价	25.00 元